公共工事の経営学

PUBLIC WORKS MANAGEMENT

Sales below 1 billion
There is a construction manager
We should do it now
8 Continuing measures

水嶋 拓
Taku Mizushima

同友館

公共工事の経営学 目次

第2章
資格者を増やして件数アップを狙う！

第3章
ランクを上げて単価アップを狙う！

第４章

公共工事で利益10倍の会社になる！

第5章

決算書こそ経営の肝である！

第6章
決算前に決算書を作りにいく！

第7章
公共工事で銀行との付き合い方も変わる！

第8章 帝国データバンクを強い味方にする！

第９章

保険会社選びが公共工事の売上を左右する！

第10章
公共工事で後継者問題を解決する！

はじめに

私は本書を「公共工事を既に受注している売上10億以下の建設業の経営者さん」に向けて書きました。

約7年間、私が公共工事を受注している経営者さまたちと直にお話しして感じたのは、「公共工事にまつわる必要最低限の知識が、どこからも経営者の耳に届いていない」ということでした。

そもそも公共工事の特性として、地域性による「仲良きことはよき事なり」の慣習が根強く残っています。

そのため、あまり目立ったり、新しいことをするのを嫌う傾向にあります。村八分にはなりたくないという感覚ですね。

中小企業の建設会社の経営者自身は、積極的に情報を取ろうとはしません。

大きい会社は大きいなりに、小さい会社は小さいなりに仕事をする。創業間もない会社は古い会社に敬意を表し、それなりにやらせていただく……そういう日本的な村社会文化の姿勢が深く根付いているのです。

地域の横のつながりで入ってくる情報もお粗末なものばかりです。なぜならその話をあなたに聞かせてくれた会社もそんなに伸びておらず、村社会の一員だからです。

それに加えて全体を見渡すことができず、自分の立場から都合のいいことをいう人が、経営者の周りに多く存在します。

それが〝誰か〟は、本文を読んでいただければわかりますが、その人たちは自分の商売とあなたしか見えていません。その先の発注者や御社の周りにいる協力者のことは見えていないのです。結果、場当たり的で短絡的なことになってしまいます。

この人たちは、わざと自己の利益を求めるために経営者に場当たり的な情報を与えることもありますし、立場や知識不足から、無意識で短絡的な情報を伝えている場合の両方ケースがあります。そして残念ながら経営者は、その情報に一喜一憂してしまうのです。

そんな中小企業の経営者に入ってこない情報を、大企業はすでに持っています。

大企業には、その知識を入社してすぐに教えられる仕組みがあり、また歴々とノウハウを蓄積してきています。それは、元請けを張っていくには必要な知識です。

中小企業の経営者は、国から守られるわけでもなく、元請けさんから守られることもなく、従業員や下請けさんから守られるわけでもありません。そのとんでもないリスクを独りで背負って日々経営されています。その方に大切な情報が届いていないのです。

本書では、その知識・情報を赤裸々にお伝えすべきだという観点から、書ける限り書くことにしました。

申し遅れました。フロンティアマーケティング株式会社の代表をしております、公共工事コンサルタントの水嶋拓と申します。

私は、2004年より中小の建設会社さまに保険を売る仕事を始め、5年間の研修期間を終え2009年独立しました。

保険は建設会社に重要なものであることには違いないのですが、売上を上げたり、利益を上げたりできるものではありません。

中小企業の経営者のお悩みは、「①売上（利益）」「②人材」「③資金繰り」です。

順番は変わることもあるかもしれませんが、ここに「保険」が入ってくることはありません。

実際、私のお客さまが、倒産や夜逃げをされた経験もあります。

経営者のお悩みを解決したい。そして一緒に成長できたら、もっと仕事にやり甲斐が生まれるのではないか——そう感じ、公共工事を受注している会社相手にコンサルティングを始めたのです。


本書では、事務手続や細かい積算方法などについてはほとんど触れていません。

最初に申しあげておきますが、10億以下の公共工事を受注したい経営者さんは、ご自身が入札したら100パーセント受注できる方法を知りたがります。もしもそんな方法があるなら私も知りたいですが、そんなものはありません。それがあると競争入札制度がまったく無意味なものになるからです。

そのような、ありもしない小手先のことをいくら欲しがっても意味はありません。それよりもっと重要なことがあるからです。それを本書では書きました。

私が7年間、直接経営者さまからお悩みを聞き、公共工事のコンサルティングを通じて実践し、成果を出してきた集大成が本書です。


これから本文を読み進めていただくにあたっては、次のことをイメージしながら読んでいっていただければ幸いです。

【公共工事の安定受注に必要な8つの対策】

①従業員・下請への対策
②発注者への対策
③税理士への対策
④行政書士への対策
⑤保証会社への対策
⑥民間信用調査会社への対策
⑦ライバルへの対策
⑧銀行への対策

この本を、あなたの会社の利益を上げるきっかけにしてください。
そして、とんでもないリスクを背負って経営されている中小企業の経営者の「自己実現」のために少しでもお役に立てれば、うれしいです。

第1章

公共工事が会社を変える！

建設業界での〝安定〟を目指して

建設業で会社を興し、成長させ、安定経営を続けていくことは、とても大変なことです。実際に建設業界に身を置いている人であれば、それを痛いほど実感しているでしょう。人材を確保し、資材を調達し、重機等の設備投資も行わなくてはならないため、とにかくお金のかかる事業です。

スーパーゼネコンと呼ばれ、大規模な仕事の元請となれる大手企業はほんの一部。9割は「重層下請構造」のなかに組み込まれてしまう、売上5億円以下の中小零細企業です。

また、「重層下請構造」が建設業界の会社の多くを脆弱な不安定経営に追いやる大きな要因の1つとなっています。上の立場の企業の経営が行き詰まったときに、どんなに自分の会社がしっかりとした経営をしていたとしても、あおりを受けてダメージを被るからです。

建設業界においては、この重層下請構造によって引き起こされる連鎖倒産が非常に多く、中小零細企業では、経営者、従業員ともに常にリスクにさらされています。

さらに、どんな業界でもそうかもしれませんが、特に景気が社会情勢に左右されやすいことも不安定要素です。

直近の例としては、２０２０年のオリンピック開催地が東京に決まり、建設バブルがやってきました。しかし、それと同時に、２０２１年には建設業界に不況がやってくることが、あの「Ｔｏｋｙｏ！」と発表された瞬間に決まったと言えます。

過去のオリンピックを振り返ってみれば、必ず終了後に不景気がやって来ています。２０２０年の東京オリンピックだって、例外ではありません。

オリンピックに向けての建設ラッシュは、すなわちオリンピックまでに必要な建設物は竣工し、その後は新たな発注が生まれにくいことを示していますよね。そもそも地方の建設業にとっては、初めからオリンピック特需の恩恵にあずかることはできませんし。

時代の要請で建設ラッシュが起こり、それが落ち着くと不況に陥る。これまでにもそうしたことは繰り返されてきたので、もちろん中小建設会社の経営者たちは、危機の認識は持っています。

しかし何をすればいいのかわからないし、教えてくれる人もいないため、有効な対策を取れず、手をこまねいているだけ。それでは、当然のことながら生き残っていけません。

このように、建設業界は〝安定〟することが難しい業界です。日々の仕事に追われ、悩みを抱えながらも解決するだけの余裕がない経営者は大勢いることと思います。

そんな悩める経営者の皆さんや、経営者を支える立場の人たちに私は言いたい。

公共工事を受注した経験はありませんか？

公共工事は、実は多くの悩みを解決してくれる理想的な物件です！

だからこそ、戦略的に公共工事を受注すれば、いろいろなメリットがついてくる！

これまで、何らかの形で公共工事に関わった経験のある建設業者は、決して少なくないはずです。とりあえず定期的に受注をしているものの、今後の伸びる見込みはないと感じている。あるいは、公共工事を落札した元請業者の下請として関わった。そういうことは、珍しくもなんともないことですよね。しかしそれだけで、公共工事で会社が伸びていく見込みはないと考えていませんか？

そうではないのです。公共工事を戦略的に落札すれば、安定経営を手に入れることができるのです。

公共工事受注にはどんなメリットがあるのか？

それでは、公共工事にはどんなメリットがあるのか。まずは列挙してみましょう。

①売上が上がる
②利益が上がる
③倒産の心配がなくなる
④受注率が上がる
⑤受注件数が増える
⑥資金繰りが良くなる
⑦決算書が良くなる
⑧受注単価が上がる
⑨信用力が上がる

主なものとしては、以上の9つが挙げられます。

他にも少し細かいことですが、発注者が公的組織なので、営業努力をする必要がないなど、いいことがあります。民間を相手にする場合、営業は大変重要であることは確かです。

しかし、お客さまを接待する時間も、積もり積もれば大きくなりますよね。その時間と労力、予算を他のことにまわせたら、もっと効率的に仕事ができるかもしれません。

「そんなに都合良くいかないよ」と思われるかもしれませんが、もしもそう考えて公共工事の戦略的受注に興味を持たないとしたら、非常にもったいないことです。少なくとも、私が関わって公共工事の受注を進めてきた会社では、すべての会社で結果が出ています。

そうは言っても、公共工事というものについて深く知らなければ、疑ってしまうのも当然だと思います。

これまでに公共工事の受注経験があるという会社でも、本当の意味で深く理解しているというケースは多くありません。だから、まずはきちんと知るところから始めて、これまで見落としてきたメリットを実感できるようになってみましょう。

ではさっそく、公共工事とはどういうものなのか、その性質について掘り下げていきましょう。

公共工事が持つ5つの性質・特徴

公共工事の性質・特徴としては、次のようなものが挙げられます。

①元請になれる

公共工事を落札できたら、もちろん元請として工事を行うわけです。元請のメリットについては、改めて詳しく後述します。

②前受金がある

建設工事は、着工時に多額の資金が必要です。それを考慮し、受注者の資金調達を円滑にして確実に工事が履行されるよう、着工時に工事代金の一部が前払いされます。

これが前受金で、通常は工事代金の４割の金額が支払われます。

着工するにもまずは資金が必要な建設会社としては、資金繰りにおいて前受金があることが非常にありがたいのです。

③ 発注者は多岐にわたり、物件数が多い

公共工事は、公共の建築物のための工事です。その発注者には国や都道府県、市区町村といった地方自治体がすぐに頭に浮かびます。

実は他にも、公共法人（理化学研究所のような国立研究開発法人や環境再生保全機構のような独立行政法人、首都高速道路株式会社や成田国際空港株式会社のようなインフラを担う会社など）、またはこれらに準ずるものとして、国土交通省令で定める法人（株式会社国際協力銀行のような金融政策に関わる金融機関や国立大学法人、日本放送協会など）が発注者となり得ます。

これだけたくさんのところから、工事が発注される可能性があるのです。

つまり、「それだけの入札先がある」ということ。公共工事の入札は、意識して探せばいろ

いろあるということを認識してください。

パッと思い浮かぶ県や市の物件ばかりでは、競争率が激しく、なかなか受注できませんよ。

④工事費用の取りっパグれがない

公共工事で支払われるお金は税金で賄われています。すなわち、入金は絶対！　取りっパグれることがありません。

もしかするとこれが、経営においてはもっとも大切なことかもしれません。建設業は取りっパグれのオンパレードです。また、工事が始まってからの値引きや工期交渉も、民間工事の場合はよくあります。それがないのが、公共工事！　工期延長の際にも、しっかり契約書を結び直します。

⑤契約保証制度がある

受注者には当然、工事を履行する責任があります。しかし発注者にも、税金を使って工事を依頼する責任と、予算を消化して工事を完了させる責任が発生します。

そこで発注者は、落札した会社に何があっても、工事が履行されるという保証が欲しいわけです。その保証を求めるのが、契約保証制度です。

契約保証には、「金銭的な保証」と「役務的な保証」の2種類があります。「金銭的な保証」は、受注者が債務不履行の場合に発注者が被る経済的損失を補償するもの。「役務的な保証」は、工事の未完成部分を代替履行会社に完成させるものです。

工事を受注する際、発注者にこの契約保証を提出しなければなりません。この契約保証を手に入れるにはある審査をクリアしなければなりません。

審査と聞いて、もしかすると少し緊張したかもしれませんが、これから本書がお伝えしていくことを読んで対策を打てば大丈夫です。対策を取ることで、売上アップや社会的信用度が上がったり……ということも期待できます。

ザッとですが、公共工事にはこのような5つの性質・特徴があることを認識しましょう。民間工事とはかなり違いがあります。そしてこの違いこそが、メリットを生むのです。

ちょっとの努力で公共工事は簡単に受注できる

さて、公共工事に入札することはまったく難しいことではありませんが、どんな会社でも自由に入札できるというわけではありません。書類を揃える手続きや入札の条件があり、それに向けての準備が必要になってきます。

手続きをして条件を満たす、ちょっとした努力ができるかどうか。その違いが、メリットを享受できるか否かにつながっていきます。

準備をするのがハードルになって、「大変そうだからムリだ」と判断してしまう経営者は少なくないのですが、実はまったく大変ではありません！

書類作成など多少の手間が必要なことは確かですが、そんなことは行政書士に聞けばいいし、公共組織に問い合わせて公務員に聞いても、ホームページを読んでも、ネットで調べてもいい。先入観で「大変だ……」と思っているだけで、実際に思い切ってやってみれば、そうでもないことがわかるでしょう。

近年では中小企業庁も、中小企業にもっと公共事業を請負ってもらうための様々な施策を打っています。少しの手間をかけるだけで、大きなメリットがある。それが公共工事の受注なのです。

では、公共工事に入札するためには、どうすればいいのでしょうか。

事前に地方公共団体（国の物件の場合は国土交通省）が実施する「入札参加資格審査」を受けて、「入札参加資格者名簿」に登録されておく必要があります。

資格審査を受けると、格付け（ランク付け）が行われます。「客観的事項」と「主観的事項」の審査結果を点数化し、A～Cの3段階やA～Dの4段階、さらに最上位にSランクを設ける（※実施機関による）などの格付けをします。ランクが高いほど、受注金額が高くなるというわけです。

詳しくは第3章でお伝えしますが、ここでは「客観的事項」の評価が「経営事項審査」の結果を基に行われることを、まず理解しておいてください。

経営事項審査では、「経営状況」「経営規模」「技術力」「その他の審査項目（社会性等）」が審査され、数値化された評価結果が通知されます。この通知書が、資格審査を受けるための必要書類となっています。

つまり平たく言えば、「入札するには参加資格審査を受けなければならず、その必要書類として提出した経審（「経営事項審査」の略）を基に、どの規模の工事に入札できるかの格付けをされる」ということです。

公共工事入札による元請化で企業体質は劇的に改善できる

公共工事物件に入札し、落札できたとしたら、会社には劇的な変化が訪れます。それが「元請になれること」です。

下請の仕事をするよりも、元請になるほうが断然いい！

もちろん責任は増えますが、仕事という舞台の上で、主役として活躍の場を与えられるということになります。

そして、一番儲けやすい。なにしろ、利幅が一番大きいのですから。元請以上に下請が儲けるということなど、普通に考えればあり得ませんし、稀に下請のために仕事をしているような元請（結果、下請のほうが儲かる）もいますが、本来それはやってはいけない行為でもあります。

そして、どのように段取りして工事手法を決定し、どのように利益を出すか、そのために人

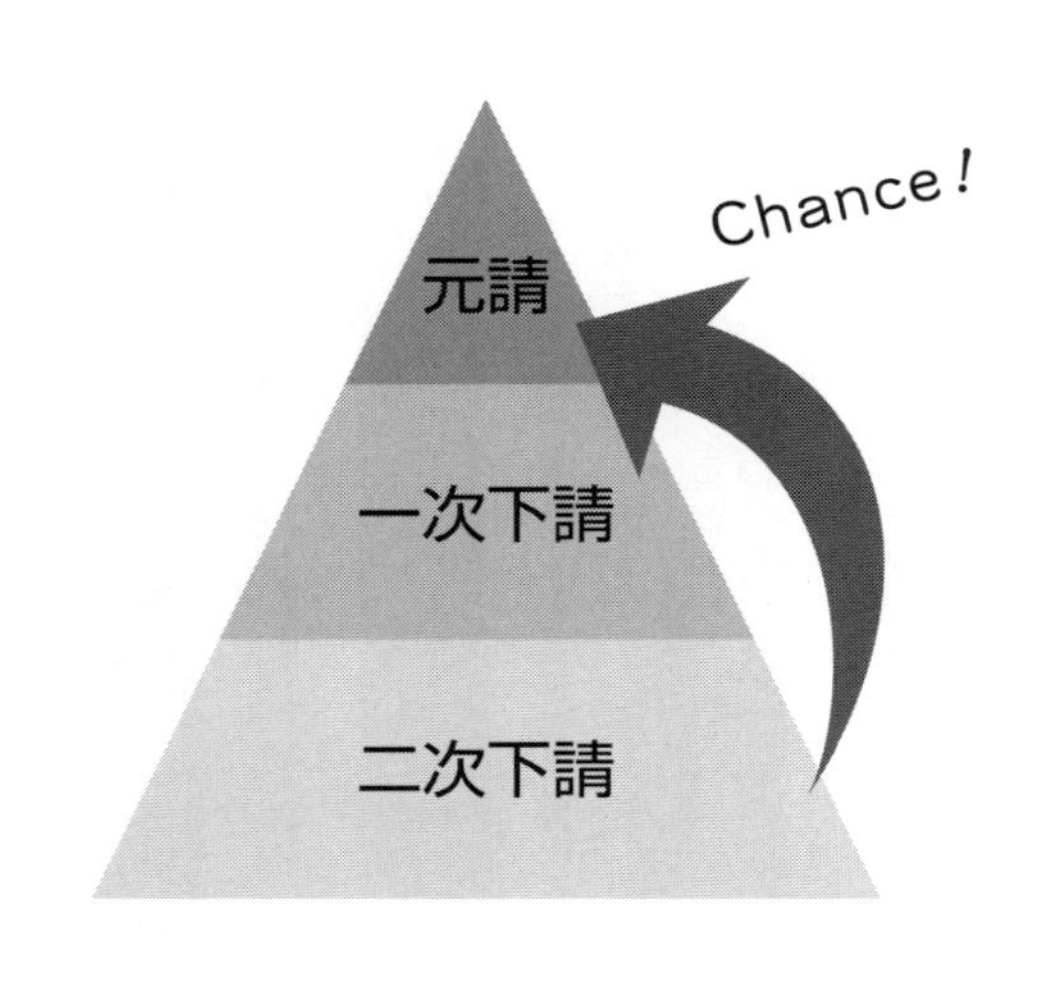

材や資材、機材などをどのように配置するかを、誰に指図されることもなく自由に決めることができます。もちろん、どのように工事を行うかは発注者に報告しますが、自社でその現場をコントロールできるのです。

これが下請なら、元請から仕事をいただく立場ということで、思い通りに仕事をしにくい環境に置かれます。いくら優秀な人材が余っていようと、素晴らしい技術を持っていようと、その活かし方が制限されてしまいます。

簡単に言えば、下請で物申しにくい環境とは違って、自社が元請として重層構造のトップに立つことで、権限を持ち、仕事の仕方をデザインできる環境を手に入れるということです。

しかし全体の90パーセントを占める売上5億

円以下の中小建設会社が、民間工事で〝元請になる〟ことは、現状では厳しいと言わざるを得ません。規模から言って、受注できるのはゼネコンくらいでしょう。

だから中小企業が元請になることについて、ハードルが高いと考えてしまいがちです。もし元請として仕事をしようとするなら、大体は個人のお客さまから直接受注するパターンにならざるを得ません。たとえば、工務店で家を建てるというような、小規模な物件です。

確かに個人のお客さま相手なら、中小企業でも受注できます。しかし、個人相手の物件を数多く受注するのは、集客が難しくなかなか大変です。

結局、元請はできない——そうあきらめてしまう。

でも、ちょっと待ってください！　本書を読んでもらう以上、あきらめることはありません！　ぜひ、公共工事に注目していただきたいのです。公共工事なら、売上5億円以下の中小企業でも、条件を満たせば簡単に元請として受注することができます。

公共工事入札で自社のブランドを上げよう

他人（元請）任せではなく、自分でコントロールできる仕事にしていくためには、元請になることが非常に重要だと思いませんか？

民間工事の下請仕事を辞めてしまう必要はなく、それはそれで請け負えばいいものです。しかし下請をメインにするよりも、公共工事を受注して元請仕事をメインにしたほうが、会社の成長にはつながるはずです。

付け加えておきますが、元請になって自由な環境を手に入れただけで満足してしまってはもったいない！　自由だからこそ、戦略を練ることができます。挑戦することができます。

大切なのは、メリットを最大限に生かすためにリーダーシップをもって仕事をすること！

これまでも公共工事に入札して、落札した経験のある中小企業はもちろんたくさんあります。しかし元請になるメリットを考えて、主体的に戦略を立てて仕事をしてきた企業がたくさんあるかどうかは疑問です。

「元請になって主役として仕事の舞台に立つ」ことこそ、公共工事を受注する最大の意義であると私は思います。会社の規模に関わらず、経営者が会社を興して成長への舵取りをしていくなら、自分のやり甲斐や生き甲斐を仕事に反映させることは絶対に必要です。

さらに、誠実な態度で下請企業とお付き合いすることも、忘れないでいただきたい。

下請企業は公共工事を期日までに履行するためには欠かせない存在ですから、大切にしたいパートナー。詳しくは後述しますが、過去に下請とトラブルを起こし、それが知らないうちに多方面に知られて、元請企業がすっかり信用を失ってしまったケースがありました。そのため、その元請企業は2年間も公共工事を請負えなくなってしまったのです。

自身も下請の苦労は充分に知っているはず。たとえ不可抗力で迷惑をかけることがあっても、誠実に対応して関係がこじれることのないように努力したいですね。

ぜひ公共工事の受注で元請になってください。

元請になることが、会社としての格を上げます。自由度を広げます。社内に活気を与えます！

これまでに多くのご相談を受けてきて、すべてのメリットの土台となる部分が「元請になること」だと私は実感しています。

公共工事がもたらす9つのメリット

では、ここまでのことを踏まえて、初めに挙げた9つのメリットについて解説していきます。

①売上が上がる

元請は重層構造のトップにいますから、1つの物件のなかで一番高い売上単価となるのは当然です。1000万円で請け負った仕事を1200万円で下請の会社に依頼することはあり得ません。

もちろん、大規模工事の下請として入って高い売上を上げるということもあります。たとえばの話ですが、もし民間大規模工事の下請で2億円の請負金額があるのなら、元請でわざわざ1億円の公共工事を落札する必要はないと思うかもしれません。

それでも、いつも2億円の仕事が元請からもらえるとは限りません。下請の立場でそれを継続するには、大変な苦労を伴います。自分で仕事を取ってくるのではなく、与えられる仕事を待っている立場なので、自分の裁量で売上単価をいくら上げようと思ってもできないからです。

元請である限り、必ず下請よりも大きな売上を上げることができます。下請をメインにした仕事の仕方で、時には高い請負金額での下請工事を請負うよりも、元請になった方が売上はアップできます。

また、公共工事は国や地方公共団体にとどまらず、国立大学や特別法人、独立行政法人など様々な公共法人から発注があるので、受注数を増やそうと思えば増やすことができます。県や市の物件ばかりにとらわれないでください。

売上＝単価×件数。公共工事の元請になることで、単純に「単価を上げて件数を増やす」という戦略を立てることができるわけです。

実際に私のクライアントに、4億2000万円だった売上を、2年半で11億2000万円にした会社があります。およそ3倍です。

②利益が上がる

下請仕事では自分で売上単価を上げるのが難しいのと同様に、利益率を上げる努力をしてもなかなか上がらないものです。仕事をもらう立場である限り、どうしても利益率は元請企業の裁量に左右されますからです。

だから自分が元請になることを強くおすすめしているのですが、特に公共工事であれば、

「利益率が悪く儲からないと判断した場合には入札しない」という選択肢も生まれます。数ある公共工事のなかから、利益率が上がる物件を選んで入札する裁量を持てるのです。入札のタイミングでの他の仕事との兼ね合いなどもあって、思い通りにいかない場合もあるかもしれませんが、大前提の理屈として覚えておいてください。

これが下請であれば、なかなか断り切れません。「利益が出ないけれど、今までの付き合いがあるからやってよ」と元請から言われれば……わかりますよね。

もちろん、「この工事をやりたい!」と選んで入札しても、落札できないケースはあります。それは仕方のないことです。ただそれも、対策を取れば改善できます。

利益があまり出ないからやりたくない仕事を〝選ばない権利〟は、元請だからこそ持てるのです。

元請だから、下請に〝いくらで外注する〟と決めてから入札できます。この時点で、利益を確保できます。もし利益が取れないと判断すれば、入札すべきではありません。通常、下請を選べば、まず利益を確保することができるでしょう。こちらが提示する額で請けてくれる会社を、探せばいいだけです。このことについては、第4章で『下請コントロール』として説明します。

利益率から仕事を選ぶこともできます。仕事が忙しいタイミングであれば、公共工事で利益が悪いと積算が出れば、利益の高い民間の工事を受注しても構いません。実際に私のお客さまでこういった会社があり、公共工事入札で利益率が大幅に改善しました。ある一定の利益を、民でも官でも確保できるように生まれ変わりました。

③倒産の心配がなくなる

冒頭の「建設業界は不安定だ」という話のなかで、重層下請構造によって引き起こされる連鎖倒産が非常に多い、と述べました。

どんなに真面目にきちんと仕事をしていても、自社よりも上の立場の会社が倒産してしまったら、その影響で一緒に倒れるしかない……そんな例を、たくさん見てきました。

良くない習慣ですが、「長い付き合いだから」「これまで大丈夫だったのだから、これからも大丈夫」と、重層構造のなかで自社の上の位置にいる会社をきちんと調べないことが多いと思います。

今の時代、「長い付き合いだから」はまったく安心材料にはなりません。

できれば数カ月に一度、少なくとも年に一度は相手の会社の財務状態を調べるべきです。

建設業界はコストがかかり、利益が残りにくい業態なので、多くの会社が赤字だと言われています。またもっと怖いのは、資金繰りが大変なので、黒字倒産はあたり前。少し不景気になればバタバタ倒産していくのは、そのためです。

それなのに、ちゃんと調査をしないのは問題です。

倒産にまで追い込まれなくても、多額の負債を抱えてしまうということもあります。たとえば1億円の負債を抱えた場合、1億円の売上を上げれば帳消しになるわけではありませんよね。利益率が10パーセントだとしたら、利益は1000万円。つまり、1億円の負債を返すためだけで、1億円規模の仕事を10件受注しなくてはならないのです。それ以外に会社を運営するための固定費もかかるので、取り返すのにいったい何年かかるでしょう？ そんな経営状態の会社が、下請に対して約束通りの金額を期日内に支払うのは難しいかもしれません。

自分が元請ならば、他社から影響を受けることはありません。

しかも公共工事ならば、絶対に取りっパグれることがない！ 支払いに充てられるお金は税金ですし、しっかりと予算編成もされたなかでの工事ですから、入金は確実ですよね。

④受注率が上がる

公共工事の件数は、決して少なくありません。だから、闇雲に入札する必要もありません。そして、元請として自分の判断で仕事を選ぶことができます。物件数も揃っているのですから、こちらの条件に合った落札できそうな工事をきっと探せることでしょう。

多くの建設会社は、県や市の物件に入札しがちですが、それらは県や市のホームページにも掲載されて広く知られているので、当然ながら競争は激しくなります。

狙い目は先にも触れた、地方自治体以外の独立行政法人や学校などの工事です。これらを幅広く探すために、5つの方法を提案します。

(1)入札ソフトの導入

「入札ソフト」は入札物件を探すためのソフトで、月々数千円のものから数万円のものまで様々です。ただ多くのソフトに無料トライアル期間が設けられているので、試しに使ってみて、使いやすさやコストパフォーマンスを考慮したうえで選ぶといいでしょう。サポート体制（相談窓口の対応力など）も、確認しておくと安心です。

「ソフトをどう使えば、自社に合う物件を見つけられるのか」といった疑問も、入札ソフトの会社がセミナーを開催していますので、参加してみると勉強になります。

⑵新聞でのチェック

全国版の新聞では、『建設工業新聞』『建設産業新聞』『建設通信新聞』の3紙、地方紙なら『地方新聞の会』のホームページで簡単に探せます。それぞれのエリアごとに、地方紙が紹介されています。

私は建●新聞を取っています。月4000円で電子版を契約すると、入札速報が公示されたり、落札されたタイミングでメールが来るサービスが付いてきます。発注者や工事の種類はキーワード検索もでき、入札ソフトよりも安く使えるものです。私のメールには、毎日何件もの公示情報が入ってきます。

※『地方新聞の会』ホームページ：http://www.senmonshi.com/member.asp

⑶Ｗｅｂ検索

『入札情報サービス』でＷｅｂ検索すると、無料で使えるものが出てきます。国土交通省直轄事業として運用されているＰＰＩ（入札情報サービス）もその１つですね。

⑷入札物件一覧表の作成

Ｅｘｃｅｌで充分なので、落札した物件を表にまとめてください。指標は、「入札物件」「予定価格」「自社の入札価格」「落札価格」です。

落札した物件だけでなく、〝入札したかったけれどできなかった物件〟を加えるのもポイントです。事情があって（他の工事が入っていたなど）入札できなかったけど本当はやりたかった工事は、やれば利益が出た可能性が高いです。その記録を付けておくことは大切です。

もしも、もっと詳しい表を作る余裕があれば、入札した会社すべての社名を入れてもいいと思います。ただし、入札した会社が20社以上になる物件は必要ありません。

このような一覧表を毎年作ることで、傾向と対策が立てられます。数年分を記録すれば、値動きや〝どのような時期に、どんな工事が公示されやすいか〟がわかってくるのです。

そして入札を担当者任せにせず、一覧表を週に１回、少なくとも月に１回は経営者自身も見るようにしましょう。担当者と一緒に対策を立てれば、より自社に合った物件を取れるようになります。

(5)エリアにこだわらない

公共工事は地域性が強いので見落としがちですが、自分の県、自分の市だけにとらわれることはありません。他の県や他の市の入札に参加しても、一定の条件をクリアすれば、当然いいのです。

人とモノが必要なので、近くの現場がいいのはわかりますが、儲かる物件ならば少し遠くても入札する価値があります。

私の顧客のなかには、県外の仕事のほうが有利な物件が多いことに気づき、本社を移転した会社があります。市外に別会社を作るようなことは、多くの会社がやっています。

ちょっとした思い込みで、勝手にエリアに縛られてはいませんか？

そのような先入観を取り払えば、これまで見向きもしなかったような物件から、いいものが見つかる可能性は大です。

物件の見つけ方はそれぞれなので、差が出やすい部分でもあります。紹介した5つの方法のうち、(1)~(3)はツールとして活用できるものです。これらのどれか1つではなく、複数を同時に使って入札物件を探すことをおすすめします。

そして物件を探したら、入札公告をよく吟味して、自社で落札したいものや落札できそうだと判断したものだけに入札するようにしましょう。ムダもなくなりますし、確実とは言わないまでも、落札の可能性は高まります。

いい物件探しができることは、間違いなく売上・利益に対する貢献度を高めてくれます。

⑤受注件数が増える

ここまでお伝えしてきたメリットに関連していますが、数の多い公共工事に積極的に入札することで、受注件数を増やすことができます。件数を増やし、受注を途切れさせなければ、資金繰りにおいても、人員をムダにしない（遊ばせない）で済みます。

ただここで注意していただきたいのは、「うちはこのくらいの受注単価に慣れているから入札は考えるけど、ライバルが多くて結局は受注できない」という思い込みです。もしもそう思うなら、今のメインの単価の3分の1、または3倍のものに視点をズラしてみてください。あとは地域に縛られすぎないことも大切です。意外と楽に落札できて、目からウロコだと思います。

具体的にどうやっていくのかはこの先で詳しくお伝えしていきますが、ここでは、過去の思

公共工事	民間工事
現　金（請負代金）	借　入
⬇	⬇
経　費	経　費
⬇	⬇
利　益	利　益

い込みを外して視点をズラせば、受注件数を増やすことができる、ということを覚えておいてください。

⑥資金繰りが良くなる

資金繰りは、会社の経営上、非常に重要なことです。たとえ売上が計上されて利益が出たとしても、資金の回収が大幅に遅れれば経営は苦しいことになります。

特に建設業界では、他の業界にも増して資金繰りが大切！

人も資材も機材も必要で、とにかく仕事をするためにまずお金がかかる業界です。手元にお金がないことには仕事を始められないので、通常は銀行借入れを行いますが、受注した物件で前受金が入ってきたら、ものすごく助かるということになります。

公共工事では、ほとんどの場合この前受金を受け取ることができます！

前受金がない物件もないことはないですが、そのような物件は選ばなければいい。必ず前受金がある物件に、入札するようにすればいいですね。

工事に着手するときに、すでに現金がある。それは経営の観点からすると、大変ありがたい公共工事の特徴です。

また、元請として下請への支払いサイトを自分の裁量でコントロールできることも、資金繰りでの大きなメリットです。

早めに下請に支払いを済ませてしまい、手元にお金がなくなるということのないよう、支払いのタイミングにおいて主導権を得ておくことは重要です。

⑦決算書が良くなる

公共工事の売上を上げていくために、もっとも必要なもの。それが、公共事業向けの〝良い決算書〟です。

単価の高い公共工事の受注を実現していくには、いくつかの条件をクリアしていかねばなりません。条件のクリアのために、公共工事における良い決算書が求められるので、公共工事で成長していこうと思えば決算書を良くする努力をすることになるのです。これは第5章で詳しくお伝えします。

⑧受注単価が上がる

公共工事物件を継続的に請負うと、これまで挙げてきたようなメリットのおかげで経営が安定してきます。すると、より大きな受注金額の物件にも挑戦できるだけの体力がつきます。つまり、受注単価を上げることができるわけです。これは、売上アップにとって大事な要素となります。

ただ、そのためには格付けも上げていかなくてはなりません。

安定経営のなかで格付けを上げることは、それほど困難なことではありません。詳しくは第3章でお伝えします。

⑨信用力が上がる

企業にとって、信用力は非常に大事です。消費者に商品を選んでもらうときにも、取引先やパートナーとして指名してもらうときにも、銀行から融資を受けるときにも、信用力がモノを言います。

この「信用」を得るためには、公共工事を受注することが非常に有効になります。まったく同じ実績と技術を持つ会社があったとしても、片方が公共工事を請負っており、もう片方は公共工事の経験がないとしたら、明らかに前者の信用力が高くなるのです。公共工事をより受注するための8つの対策（①発注者、②銀行、③従業員、④税理士、⑤行政書士、⑥民間信用調査会社、⑦保険会社、⑧ライバル）が、会社の信用を積み増すことになるのです。

公共工事を請負うということは、〝国や地方自治体などから認められている確かな企業〟ということになりますから。

ですから、公共工事の実績があったなら、ホームページなどでそれをアピールするべきです。家を建てたいという個人のお客さまの目に留まるかもしれませんし、取引先等の仕事の関係先に対しても好印象です。

求人広告などに載せると、信頼できる会社だということで志願者が増え、結果的に有能な人材の確保につながる可能性もあります。

何よりいいのは、銀行の融資を受けやすくなることです。きちんと書類を作成し、国や地方自治体の審査を受けるなどの手続きを厭わない、安心できる会社だと判断してもらえます。

銀行融資には、信用力が欠かせません！　必要なときに必要な金額を融資してもらえるかどうかは、会社が存続し、成長していくためには大切なポイントですよね。

もう「前時代的なコミュニティ」に縛られている場合じゃない

ここまで、公共工事を戦略的に受注することで、会社にどんなにメリットがあるかということを説明してきました。

確かに、そのメリットはわかった。でも……。と、躊躇する気持ちもあるのではないでしょうか。それも理解できます。

建設業界には独特のコミュニティがありますよね。ライバルを出し抜いて、自分の会社だけいい商売をしようとするのははばかられる雰囲気です。

特に公共工事の入札に関しては、そうしたコミュニティが根強く残っていると思います。いわば〝村社会〟とでもいうような、まわりの目を気にせずにはいられないコミュニティです。

前世紀に日本も経験した、高度経済成長期や円高での好景気の時代には、村社会でうまくいっていました。みんなが同じペースで、一緒に成長していけるだけの勢いが社会に満ちあふれていました。みんなで共に汗をかき、みんなで共に幸せになれる時代。

しかし、もうそんな時代は来ないということを、誰もが知っています。

日本経済は成長のピークをとっくに過ぎて、停滞期に入っています。停滞期に「みんな一緒」という姿勢では大変危険です。一緒に停滞し、そのうち一緒に沈んでしまっては元も子もありません。

コミュニティを大事にするよりも、自分の会社を大事にすべきです。そこで働いてくれる、大切な従業員がいるのですから。

どうやって会社を成長させるのか、どうやって利益を出せるかを一番に考え、仕組みを考えたり体制づくりをしたりするのが経営者の仕事であるはずです。

ぬるま湯のようなコミュニティにいたら、それ以上に成長することは難しいばかりか、沈んでいく危険性があります。そんなときに、コミュニティの仲間たちは助けてくれるのでしょうか？

多分、自分の会社の舵取りでそれどころではない。他社を心配する余裕はないことを、充分にご存じですよね。

極端な話、村社会を捨てる結果になっても構わないと思いませんか。別会社を作って、別のエリアでコミュニティのメンバーたちと競合しないような入札をしたっていい。

もちろん、表立ってコミュニティの輪を乱すような行動を取れと言っているわけではありません。ただ、結局は自分の会社は自分が主体的に経営するしかないということを、自覚しておいていただきたいのです。

今すぐ公共工事で売上を上げよう

なんてったって公共工事はいい！

国や地方自治体、公共法人は、税金を投入する公共工事を公明正大に行うためにも、入札にそれほど困難が伴わないようにしています。だから、やってみれば簡単なことに気づけるはずです。

書類をきっちり作ることさえできたら（これも士業の人たちにサポートしてもらいましょう）、問題ありません。下請仕事と違って、自分でコントロールできない不確定要素が少なく、自分が学んで受注できれば、経験を積みやすい性質の仕事と言えます。

それをご理解いただけたら、今すぐに動き始めましょう。すでに対策を立てている会社は、たくさんあります。そういうところに差をつけられて手をこまねいていたら、自分たちは落ちていくだけです。

まずは、公共工事で売上を増やすことを意識するところから。成長を目指すならば、一番に手を付けるべきところは売上です。

決算が終わって事業計画を立てる時点で、たとえば「単価5000万円を3本、1000万円を8本、合計2億3000万円ぐらいの売上を上げよう！」と、先に決めてしまいます。〝目標〟より〝ノルマ〟に近い感覚で、その売上額を実現するためにどうすればいいか、綿密に計画を練りましょう。

計画してトライしてチェック。その繰り返しで実現に近づいていくのです。

この本を読めば、公共工事受注のためにどこに向けて、どんな対策を立てればいいのかがわかります。実際に動き始めれば、早い時点で「会社が変わる！」と実感できます。

第2章

資格者を増やして件数アップを狙う！

公共工事入札の要となる、上位資格者の必要性

売上を増やしたいなら、どうすればいいか。

「売上＝単価×件数」ですから、できるだけ請負物件の単価を高くすることと、受注件数を増やすことを意識すればいいことになります。

まずは、受注件数を増やすことについて考えてみましょう。

受注件数は入札件数や落札率などに関わってきますが、なかでも社内の資格者の数に大きく左右されます。

建設業者は、工事現場に必要な資格を持った主任技術者を置かなくてはなりません。そしてさらに、元請になると「主任技術者」の上位資格者である「監理技術者」を置く必要が出てきます。

そして双方とも専任義務があって、現場の掛け持ちができません。これは、建設業法で定め

られていることです。

公共工事を落札できたら元請になるのですから、ここでは特に「監理技術者」が必要になってくることについて言及します。つまり、「監理技術者」になり得る上位資格を保持している技術者が必要だということです。

上位資格者とは、たとえば次のような国家資格の保持者です。

・1級建築士
・1級建設機械施工技士
・1級建築施工管理技士
・1級土木施工管理技士
・1級電気工事施工管理技士
・1級管工事施工管理技士
・1級造園施工管理技士

このような上位資格者が、社内にどれだけいるのかが、公共工事の受注件数に大きな影響を与えます。資格者は現場の掛け持ちができないからです。

もし掛け持ちをしていると、指名停止などの処罰対象になります。以前は名義貸しなどもあったようですが、もちろんそれも建設業法で禁じられています。

資格者が社内に1人しかいなかったら、常に1つの物件しか請け負えないことになってしまいます。その工事が終わるまで新しい入札はできません。

そうすると、受注件数を増やしたくても増やせなくなってしまう。

裏を返せば、資格者がたくさん社内にいたら、それだけ受注件数を増やせるということです。条件の良い物件があとから出てきても、専任担当をしていない資格者が担当できますよね。

この本を読んでいる中小建設業の経営者の皆さんなら、そんなことは充分に理解されていることだと思います。なのに、多くの企業が資格者不足の問題に苦しんでいます。なぜでしょうか。

なぜ、上位資格者を増やすのは難しいのか？

資格者数の重要性を認識していながら、なかなか増やすことができない。

それは、「資格者を雇用しようとすると、人件費が高い」からです。

求人サイトなどをチェックしてみると、上位資格者の求人は600万円以上の年収が提示されているものばかり。仮に年収600万円で雇用したとして、社会保険を入れれば会社の負担は年に約700万円にもなります。

この700万円を会社が生み出すために、どれだけ大変なことか！

たとえば利益率10パーセントだとしたら、7000万円の売上があって、やっとペイできる金額です。利益率5パーセントだったら？ 1億4000万円を売上なくてはいけません。

それでやっと1人分を賄うことができるのですから、人数を揃えようと思ったら、どれだけの売上が必要になるか。そして、その売上を確保できなければ、売上アップのために資格者を雇用しても、コストとしてはまったく意味がないということになってしまいます。

売上を増やすために件数アップを狙いたいのに、それに必要な資格者の確保に多くの売上が求められるという、どうしようもない状態ですね。

しかも資格者不足に悩む建設業界では、もちろん資格者の転職成功率も高い。ただでさえ人手不足の建設業界で、上位資格者はより売り手市場で引く手あまたなのです。Web広告では、「転職成功率94パーセント」とも言われているほどです。

せっかく採用した資格者に転職されてしまう可能性もありますし、転職されないように給与のアップを余儀なくされるかもしれません。どちらにしても、コストとして会社を大きく圧迫することになります。

そもそも、資格者に対して過度な待遇を与えるようなことは、組織としては絶対にしてはいけません。特別扱いをすれば、その個人をコントロールできなくなってしまいますから、仕事の上でも支障が出る可能性があります。

高額な人件費をかけてまで資格者を雇用することは、売上アップのための根本的な解決策にはならないのです。だから建設業界ではいつも、資格者不足に悩むという実情があるのではないでしょうか。

また、そもそも採用活動自体が難しいですよね。

今、若年層の建設業離れが顕著です。若い世代がいないので、技能労働者の高齢化や後継者不足が深刻な悩みとなっています。

そのため、採用できるとしたらベテランの資格保持者になります。このような資格者は経験があり、自分自身の価値を認識しているものです。わざわざ転職するとしたら、より高い給与やより多くの休日など、待遇が良いことが条件となるでしょう。

ベテランの資格者が満足して会社に定着するだけの環境を、整えることができますか？

もしできるのなら、それを求人広告でしっかりアピールしていますか？

私の経験上、効果的な求人広告は見たことがありません。求人広告にも数十万円から数百万円の広告費がかかっています。それに見合うだけの採用活動ができているのかどうか、よく考えてみてください。

大金を払って採用できたとしても、高額な人件費と転職される危険性は決してなくならないことも忘れないでください。

最も会社にとってメリットのある上位資格者の増やし方とは？

こうして考えてみると、資格者の新規採用はハードルが高いということがわかります。だからでしょうか。資格者の名義貸しが問題になり、禁止になって久しいのに、それでもまだあとを絶たないようです。

指名停止になる可能性を知らないわけはないですが、他に方法がないのか、大丈夫だと甘く見ているのか、資格者の名義を借りて受注する会社がいまだ存在しています。

一部上場のスーパーゼネコンを筆頭とした大手の会社では、必要な資格者はあたり前のように持っています。

だから、そうした会社をリタイアした人を実態のない顧問に据えて、年間数十万円で名義を置いてもらう。そんなことは、もう許されない時代です。

名義貸しはリスクが高く危険なことは、充分承知していることでしょう。

もしも「仕方がないから」と言い訳をしながらルール違反を犯しているなら、すぐにやめてください。

そんな安易で危険なことをするよりも、もっと建設的に解決策を考えてみましょう。

私がぜひおすすめしたいのは、すでに社内にいる従業員たちに資格を取ってもらうことです。「取ってもらう」というよりも、「取らせる」くらいの強い気持ちがなくてはならないと思います。

自社で資格者を増やしていくことができれば、コストの問題はきれいにクリアできます。

資格者1人につき「600万円の年収＋社会保険＝700万円」も用意しなくても、資格取得につき5万円とか10万円くらいでお祝い金を用意するとか、資格手当として月に数万円支給する程度で済むわけです。もちろん、高い求人広告費もいりません。

できるだけ多くの従業員に資格取得させれば、複数の公共工事を躊躇なく落札できます。そうすれば膨大なコストをかけずに、受注件数を増やすことができるのです。

ただし、自社で資格者を増やすには、多少の覚悟が必要です。

資格取得自体が難しいという意味ではありません。試験に合格することは、決して難しくないですし、定期的に資格取得にチャレンジしている人は結構います。

でも、大人になってから試験を受けることへの拒否感や、資格なんかなくても現場を仕切れるというプライドなどから、受験に向かう姿勢を素直に見せられないケースが少なくないのです。

資格取得に気が進まない人たちに、勉強を促し受験させることは簡単ではありません。だから、覚悟をもって資格取得体制を作る必要があるのです。

「全員、絶対!」のルールで上位資格者の仕組みを作る

正直なところ、従業員たちに資格取得させようとしても、「勉強嫌いな奴らだからなあ」「嫌がられるだけだし、無理強いして辞められたら大変だから……」と最初からあきらめているのではありませんか?

大丈夫です。トップが「やる!」と決めれば、必ず結果は出ます。

実際には、試験と聞いただけでアレルギー反応を起こす人もいますし、自ら進んで資格取得をしようという人は少数派でしょう。そのため、きちんと試験対策をして受験する人が少なく、結果として合格率は低くなっています。

しかし、それは試験自体が難しいからではないのです。

どんな人でも学科試験をパスして運転免許を取るように、建設業の国家資格も準備さえすれば取得できます。学歴が必要なわけでもなく、学生時代に勉強が苦手だったり嫌いだったりした人でも、ちゃんと合格します。

結局は、準備をするか否か。トップダウンで、真剣に資格試験に向き合うような体制を作りましょう。たとえば資格取得を昇進の条件にするなど、いろいろ考えられると思います。

私のお客さまを見渡してみると、資格者に困っている会社と困っていない会社では、大きな違いがあります。

その違いのキーワードは、「全員、絶対！」です。少なくとも事務員の女性以外は、全員資格試験を受けなくてはならない。資格取得しなくてはならない。それを決まり事として徹底している会社と、そうでない会社との違いです。

前者は、**全員**が資格を持っています。全員が持っているので、新入社員が入ってきてもすぐに受験し、合格します。

後者は社長1人しか持っていないとか、良くてもあともう1人が持っている程度です。そして、このもう1人が辞めていってしまいます。厄介ですね。

「あなたは会社の核になるべき人材だから受験しろ、資格を取得しろ」と個人に押し付けるのではなく、「全員、絶対！」という決まりになっている会社は、資格者に困っていません。あなたの会社も、決まりを作ればいいのです。

さらにもっと資格者を増やしたいのなら、女性やアルバイトにも全員、資格取得を義務付ければいいでしょう。女性やアルバイトは資格を取得できないと、勝手に決めつけていませんか？実際は、受験会場の４分の１ぐらいは女性の受験者で埋まっています。

資格は全員取るものなのです。全員が資格を持っている会社は存在しますし、当然のことながら経営は順調で増収増益です。

「全員、絶対！」の決まりがあれば、たとえ人が辞めても自社で資格者を生み出し続けることができます。人が変わっても時代が変わっても続けていける。それが「仕組み」になるのです。

二代目社長の社内改革で、なんと売上5倍に！

ある会社では、二代目社長が社内改革をし、その勢いで社内の全員が資格を取得する方針を貫いています。社長本人も勉強して資格を取り、事務員も含めて全員が資格を持つように徹底しました。

初代社長のころには典型的な中小の建設会社で、家族的と言えば聞こえはいいですが、きっちりした経営計画もなく、少し緩い雰囲気があった会社でした。

それを二代目が就任してからは事務所のデザインを一新し、それまでの下請との馴れ合いの受注体制を見直し、組織づくりから改革して社内の風土までも変えたのです。

象徴的なのは、社員全員参加の定例会議。毎月実施し、その月の振り返りや今後の目標をきちんと数字にして出すようにしました。社員たちに、決算書の試算表も書かせることで経理の実情を刷り込んで、会社を経理の視点から見ることができるようにする。初めは何をやっているのかわからなくても、とにかくやり続けることで社員たちの意識も変わっていきます。

何となく「がんばった」とか「がんばろう」ではなくて、数字から論理的に経営状態を把握して目標を立てるようにしたのです。

目標を社内共通のものにするため壁に貼ってオープンにし、定期的に達成度をチェックして、足りない部分について対策を打ちます。

この社長は資格者数の重要性を理解されていて、資格取得を売上目標や行動の指針と同列にして、従業員たちに課しました。誰がどの資格を取るかまで決め、勉強できるように管理したのです。

資格の申込書を全員に書かせて、申込手続きは会社が行います。試験を受けないわけにはいかないという状況を、意識的に作ったということです。

具体的な管理の方法は、手帳を作ったことでした。社内の全員が持つ手帳を作り、年の初めに決定した一年間のスケジュールを印字して、いつも肌身離さず携帯させるようにしました。スケジュールには定例の会議と同じように、資格の勉強会も印字されています。つまり勉強会は会議と同じ重さで、社長自身も含めて全員参加の重要な予定になっているのです。

そして、遅刻に対しても厳しい態度を示します。要は遅れたらなあなあで済ませずにきっちり指導をして、しっかりと出席させる仕組みづくりをしているということです。

この会社の社員は10人ほど。勉強会のときには、全員が自分に振り当てられた資格を目指して勉強しました。もちろん勉強が苦手だという人や真剣に取り組めない人もいて、必ず全員が合格するわけではありません。しかし、やがて「まわりが合格していくのに、自分が合格しないのは恥ずかしい」という意識が芽生えてきました。

「合格しなければ」という自覚を持てるようになったら、大丈夫です。どんなに勉強とは縁がなかった人でも、ちゃんと合格していきます。そして、ひとつクリアして5万~10万円のお金が入ればやはり嬉しく、次もがんばろうという気になるようです。

資格を取ることは、その社員の誇りにつながります。資格を持っていなかったときより、確実に会社に貢献できるからです。

会社のために必要な人材であるという誇りと、努力に対して金銭的な報いがあることは、仕事のモチベーションアップにもいい影響を与えるでしょう。

そうやって、社員一人ひとりが複数の資格を持てるようになったら、「資格者不足で受注件数を増やせない」なんていう悩みは解消します。もちろん、簡単なことではないと思いますが、中小企業ならトップダウンでの社内改革も比較的容易ではないでしょうか。

受験は基本的に1年に1回ですから、成果が出るのは1年後になります。まだ先の話だからといって、今すぐに対策しない理由にはなりません。時間はかかったとしても、スタートはこの瞬間からできるのです！

二代目社長が大ナタを振るったこの会社は、2億円だった売上が10億円以上にまで伸び、今も着実に資格者を増やしています。これからも受注件数増加に余念がなく、さらなる売上アップが期待できそうです。

ちゃんと対策すれば、必ず上位資格者になれる

この会社の例にあるように、社内に社員を有資格者にすることはハードルが高いことではありません。

この会社は二代目社長の大改革という下地があったからうまくいったのは事実です。でも、そうでなければ無理なわけではないのです。

難しいのは、現場たたき上げのベテラン従業員かもしれません。それまで、資格なんかなくても充分に仕事をしてきたプライドがあります。確かにそうでしょう。現場を動かし、高い技術で貢献してきた積み重ねがあるから、「なぜ資格を取る必要がある？」と思われるのかもしれません。このようなベテランは資格試験に対するモチベーションが低く、合格率も芳しくありません。

一方で、現場経験ではベテランとは比較にならなくても、若い世代はちゃんと勉強して合格する確率が高い傾向にあります。つまり、経験があっても合格にはつながらないし、経験がなくても合格するということです。

ベテラン従業員が、現場でどんなに有能であっても、それで公共工事を落札できることはありません。若手は技術では貢献できなくても、資格を取ることで会社に貢献することができます。

公共工事に資格者が必要であることは、変えようのない事実です。ルールはルール。現場経験が豊富な人も浅い人も、みんなで取得することを会社の方針として徹底すれば、誰もが試験に向かわざるを得ません。

そして現場経験が合格とは何の関係もないように、頭の良し悪しも関係ありません。記憶力が必要とは言っても、訓練すれば必ず上がっていきます。

だから「自分は頭が悪いので……」という言い訳は通用しません。実際、例に挙げた二代目社長はそのような言い訳は「悪いならがんばってね」と聞き流すだけ。それは、対策をすれば必ず合格すると知っていたからなのです。

社長の仕事は試験対策の管理をするだけ

二代目社長の成功例は、勉強を教えたり学校に通わせたりするものではありませんでした。ただ、手帳に勉強会スケジュールを絶対のものとして印字し、自らも一緒に勉強して受験するという試験対策です。

教えなくても大丈夫なのか？　という疑問が湧きますね。

実は、勉強は教わらなくても自分でできるものなのです。テキストを見れば解説が書いてありますし、問題集で演習もできます。

これは資格試験に限らず、受験勉強も含めてすべての勉強について言えることです。

勉強は教える必要はない！

重要なのは、勉強の環境を整えて行動を管理することなのです。

新潟県のある進学塾には、授業がありません。ただ勉強部屋を用意し、子どもたちが家でサボったり寄り道して遊んだりする時間を極力排除するよう、行動管理をしています。質問も一切なしです。塾というよりも、徹底的に管理された自習室という感じですが、それで充分に実績を出しているそうです。

進学塾でこの結果です。資格試験なら、模範解答を丸覚えすれば大丈夫！　たとえ論述問題であってもパターン化されているため、その解答すべき内容を覚えてしまえばいいので、より結果を出せるはずです。

試験対策の問題集や解説本は充実していますし、インターネットから手に入れることもできます。勉強する環境があり、勉強することの意味を理解して「やらなければ」と思うことができれば、必ず合格します。

このことから、いかに経営者の決断が大切かということがわかりますね。社内の環境づくりをしよう、勉強のための行動管理をしよう、と決断することが、低コストで資格者を増やし、受注件数を増やすことにつながるのです。

もう資格者を高給で迎える必要はありませんし、「せっかく高給で雇った人が、辞めてしまったらどうしよう」と心配することもありません。

誰にどの資格を取得してもらうか、今すぐ決めましょう！

そして、その決定を貼り出して社内に周知させましょう！

そこまでの社内改革と管理は到底無理だという場合、資格取得の学校や通信教育などを利用する手もあります。でも、ただ利用するだけではダメです。

必ず会社が応援し、管理する体制を作ること。勉強の進捗状況を報告し合う機会を設け、学校に通う本人に任せきりにはしないことです。あくまでも勉強の手段として学校や通信教育を活用し、行動管理はやはり会社で行うべきです。

「上位資格者＝会社の資産」と心得よう

公共工事で売上を伸ばすことができない理由として、「うちは資格者が少ないから」と平気で口にする社長がいます。しかし、それは言い訳以外の何ものでもありません。

そういう発言をするということは、公共工事に資格者が必要なことを充分に理解しているということです。それならば、なぜ資格者を増やそうとしないのか？

公共工事で売上を伸ばしている会社は、初めから社内に資格者がたくさんいたとでも思っているのでしょうか?

そうではなく、資格者を増やす仕組みを持っていて、受注を増やすことができているのですよね。

社内で資格者を増やすということは、社内みんなで同じ目標を持ち、クリアしていくことになります。みんなで取組めば、1人ではなく仲間と努力することになります。仲間と切磋琢磨し、励まし合い、助け合い、一緒に目標を達成する喜びを知ることで、社内の一体感も生まれます。

社内風土を変えていくことは簡単ではありませんが、先を見ればいいことづくめであることを、ぜひわかっていただきたいです。

このような努力ができる会社になれば、日々の行動の目標設定をクリアしていく会社になれます。毎月、自分たちの目標をみんなで検証・改善し、次の月に活かしていく。それが年間を通しての結果となり、決算を迎えて目標達成ができていれば、社員旅行や食事会などで労をねぎらうのもいいでしょう。

社内に資格者数を増やす仕組みがそれ以上のメリットを会社にもたらす、ということです。

仲間と協力しながら主体性をもって資格取得を目指し、集団で目標を達成することは、個人にとっても会社にとっても成長につながります。

資格者を増やせない会社は、伸びていくことができません。もしあなたが若い新入社員だとしたら、資格を取って自分の価値を上げられる会社と、やり甲斐もなくただ働いて給与も上がらない会社、どちらに入りたいか？　そう考えれば、社員のモチベーションや待遇アップのためにも、ぜひ行動しなければなりません。

手帳を作って管理する会社を例に挙げましたが、社内の全員が資格保持者だなんて羨ましいと思いませんか？

社長以外はみんな、入社してから社内勉強をして資格を取ったのです。だから運が良かったわけではなく、仕組みを作って実行しただけ。あなたの会社も仕組みを作ればいいだけなのです。この会社を参考にしつつ、自分の会社に合ったやり方を模索してみてください。

資格者は会社の資産です。資格者を生み出す仕組みも大きな資産になります。仕組みがあってしっかりと仕事を回していくことができる会社は、銀行や民間工事の元請など、周囲からも一目置かれる存在になれます。

資格取得
主体性
自己実現
集団で
目標達成

第3章

ランクを上げて単価アップを狙う！

「格付けランク」が単価アップを左右する

売上を増やすために、第2章では「受注数アップのための資格者対策」についてお話しました。本章では、もう1つ必要な「単価アップ」について説明します。

公共工事の場合、単価アップのためには単価の高い物件を落札しなくてはなりません。当然、そのために単価の高い物件に入札する必要がある。しかし、入札するためには入札資格を得ていなくてはなりません。

単価の高い物件に入札できるのは、入札資格でも上位に格付けされた会社だけです。だから、格付けのランクを上げなくてはいけないのです。

どのランクに格付けされるは、公共工事に入札するすべての建設会社が気にしているところです。

しかし、どのようにランクの上げ下げがあるのかを〝**実はわかっていないのに、わかっていると勘違いしている**〟場合が少なくありません。単価アップのためにランクが重要な意味を持つのに、どうすれば上げられるのかを理解していなければ、ランクを上げる努力もできませんよね。

そこで、格付けの仕組みから確認してみましょう。

第1章でも少し説明しましたが、公共工事に入札するためには、まず入札参加資格を得なくてはなりません。

東京都の物件に入札したければ東京都に、神奈川県の物件に入札したければ神奈川県に、それぞれ申請をする必要があります。申請の時期はそれぞれですし、なかには随時受付といって1年中受付をしてくれる場合もありますが、ホームページなどで確認が必要です。

申請をすると、「客観的事項」と「主観的事項」の審査結果を点数化されて格付け（ランク付け）が行われます。そしてそのランクによって、受注できる工事の請負金額（単価）が決まってくるのです。もちろん、ランクが高いほど施工能力が高いとみなされ、有利に公共工事が受注できます。受注金額の高い、より大きな物件の落札や、安定的な受注が可能になるということです。

つまり、資格申請をして高いランクに格付けされて初めて、単価の高い物件を狙えるということです。

それでは「客観的事項」と「主観的事項」とは何でしょうか。

まず「客観的事項」は、第1章でも触れた経営事項審査（経審）になります。経審については、あとから詳しく説明します。

そして主観的事項は、地域の実情を踏まえて、その地域における実績や地域貢献などを発注者が独自に評価するものです。客観的事項に比較するとかなりウェイトは軽くなります。


格付けは、この2つの総合点で決まります。ただ、その格付けは発注者によって違いがあります。A～Cの3段階で分けるところやA～Dの4段階で分けるところ。Aの上に最高のSランクを設けて、S～Eの6段階にしているところもあります。ランクを分ける点数の設定も、もちろん違います。

そしてランクを分ける点数は、同じ発注者でも毎年同じとは限りません。つまり、昨年は720点以上がAランクだったけれども、今年は730点以上でなければAランクに入れない、といった具合です。

なぜなら、申請してきた建設業者のレベルが高く、720点以上の会社の数が増えたとしたら、それをすべてAランクにしてAランクの割合を増やすわけにはいかないからです。ランクは、申請した会社のなかで相対的に決められるのです。

東京・大阪以外の都道府県では、入札参加者名簿はWeb上に公開されているので誰もが見ることができます。自分の会社のランクをチェックして対策を練るのと同様に、ライバル会社のランクも見ることができます。


第1章の最後で、毎年決算が終わったあとに、事業計画の段階で売上額を決めてしまうことを提案しました。まさか、現状より低い売上目標を立てることはありませんよね。高い売上額を設定するはずです。高いランクをきっちり取っておかなくては、その高い売上目標を達成できなくなります。

ランクを上げることは、成長の伸びしろを増やせるということです。

「経審」は経営者自身がコントロールを考えよ

格付けを決める総合点のなかでも、「客観的事項」が非常に大きな割合を占める（主観点：

客観点＝1：10）わけですから、この点数を上げていくことがランクアップに直結します。経審の結果が客観的事項の点数になるので、経審対策が非常に重要になります。

そのことはよくおわかりかと思います。だから、「点数が上がりますよ」と言われて保険に入ったり、行政書士からのアドバイスを受けて実行したりしますね。

それはそれで悪いことではありません。ただし、対策しているつもりでも、言われるがままに何でもお金を払ってやることが本当にいいのかどうか、少し考えるべきです。場当たり的な対策では、費用がかさむ割に効果が薄く根本的な対策になっていないことがあるからです。

まずは会社のトップである経営者自身が経審の評点コントロールについてきちんと理解しなくてはなりません。そして、自社の方向性や次年度の年間計画と合わせて評点コントロールについて考えていきましょう。

格付けをいつまでにどのランクに上げたいのか、それを決めて初めて必要なこと、やるべきことがわかります。すると、少なくとも今期の目標（受注単価・受注件数・ランク・決算の数字）と来期の目標を設定する必要が出てきますね。

経審の書類作成は、行政書士に依頼するパターンが多いと思います。しかし、任せきりにせず、自分でシミュレーションしてどの部分に対策が必要かということを理解できるようにしましょう。

行政書士に経審の手続きを任せることは、別に悪いことではありません。ただ、会社として成長していきたいなら、経審は「とにかく提出すればいい」というものではなく、重要度の高い経営戦略のツールの1つ。行政書士に依頼するにしても、経営者自身が全体を把握しておかなければなりません。

私がこの点を強調したいのは、経審の内容は行政書士の仕事の範囲を超えている部分があるからです。

なぜ、経審対策は難しいのか？

経審の点数は、次の5つの要素で構成されています。カッコ内は、経審の通知書に記載されている、それぞれの記号です。

・完成工事高（X1）
・技術者数及び元請工事完成工事高（Z）
・経営状況（Y）
・自己資本と利益（X2）
・社会性（W）

このうち、行政書士がアドバイスできるのは、完成工事高（X1）・技術者及び元請工事完成工事高（Z）・社会性（W）の3つです。

残りの経営状況（Y）・自己資本と利益（X2）の2つについては、実は税理士の業務に関わってくるものなのです。

そもそも行政書士の仕事は書類作成でコンサルティングを求められる立場ではないので、関わることができる3つの要素についても、会社にとって有効なアドバイスをしてくれるとも限りません。しかし、この3つの数字の意味についてはよくわかっているでしょうし、付加サービスとしてアドバイスしてもらえることもあります。

しかし、残りの2つの要素についいては、行政書士は完全に部外者。専門外なのです。

経営状況（Y）・自己資本と利益（X2）は、決算書の数字が関わる部分です。決算書の作成は、行政書士ではなく税理士の業務ですよね。だから行政書士がこの2つについてノータッチであることは、ある意味当然とも言えます。

では、決算書を作る税理士に対策を相談できるかというと、それも難しい。税理士が経審に関わることはまずないので、対策もされず放置されたままということになってしまいます。

行政書士で決算のことがわかる人もいますが、税理士の領分に口を出しにくいというのが正直なところでしょう。一般的に、税理士のほうが顧客との関係が密接でものを言える立場にあるので、行政書士は遠慮してしまうのではないでしょうか。

経審対策の難しさはここにあります。行政書士と税理士の担当業務が混在していて、肝心の税理士が関わる部分に行政書士は詳しくなかったり口を出しにくかったりする。

そして税理士は、経審に自分の仕事が関わっているという意識がありません。自分の仕事ではないので、知る術もありません。

士業の方々というのはだいたいが「自分の領域だけ丸く収めればいい」という感じですが、守備範囲が広く、よく相談に乗ってくれる人もなかにはいます。ただし、本当に有益なアドバイスをしてくれる人は、それに見合った金額をしっかり請求してきます。無料での相談は自信のなさの表れでもあるため、信頼性は低くなります。

結果として適当に放っておかれるというのでは困りますから、やはり経営者自身が経審の内容をよく把握しなくてはならないのです。

経審のシミュレーションは、ソフトを使って確認しよう

一番いいのは、経審のシミュレーションをしてみることです。経審の点数は、次のような計

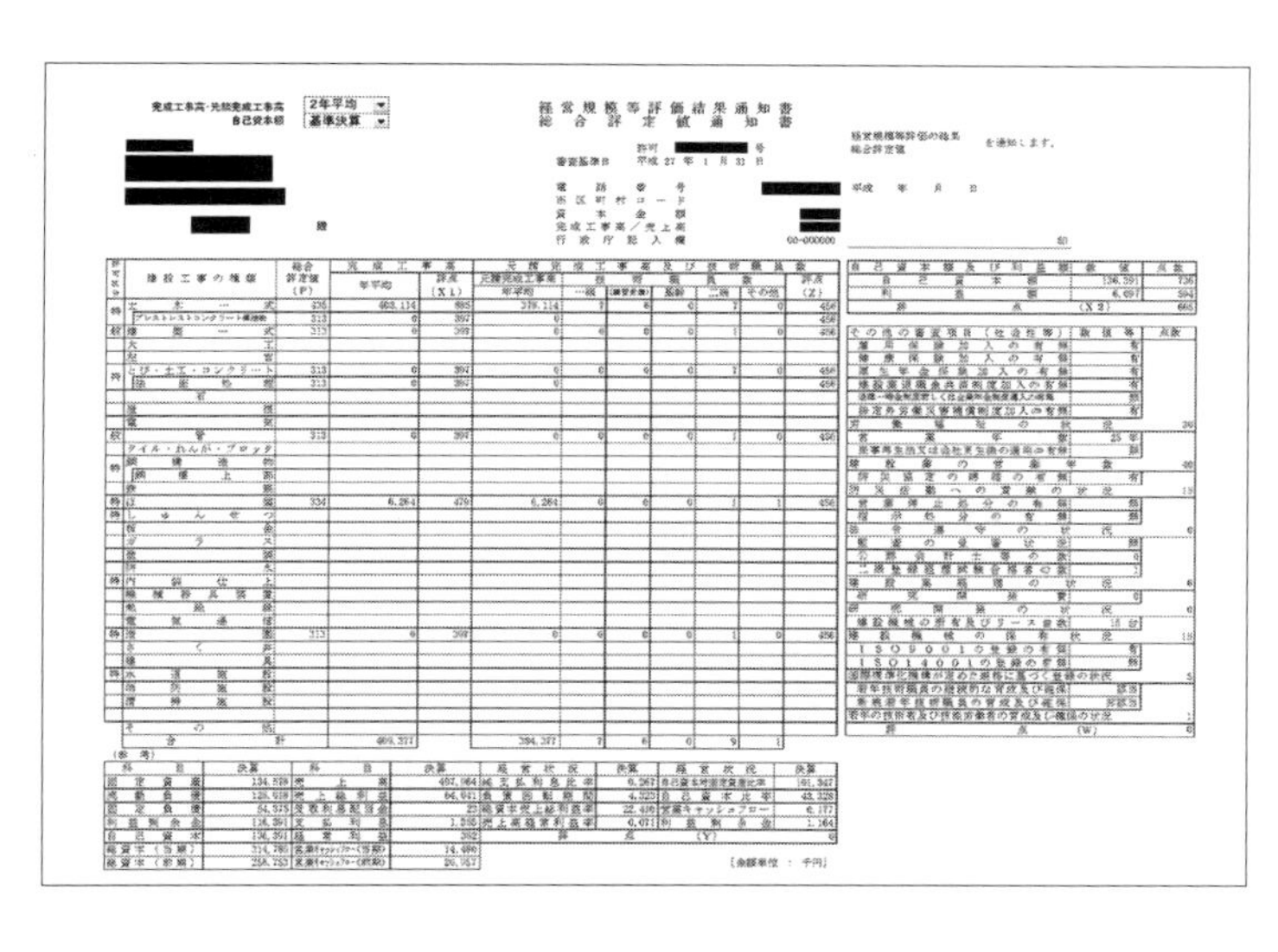

完成工事高・元請完成工事高 2年平均
自己資本額 基準決算

経営規模等評価結果通知書
総合評定値通知書

許可 ■■■ 号
審査基準日 平成 27 年 1 月 31 日

電話番号
市区町村コード
資本金額
完成工事高／売上高
行政庁記入欄 00-000000

経営規模等評価の結果
総合評定値
を通知します。

平成 年 月 日

印

許可区分	建設工事の種類	総合評定値(P)	完成工事高 年平均	評点(X1)	元請完成工事高 年平均	一級	(監理受講)	基幹	二級	その他	評点(Z)
特	土木一式	436	463,114	885	379,114	7	6	0	7	0	456
	プレストレストコンクリート構造物	313	0	397	0						456
般	建築一式	313	0	397	0	6	6	0	1	0	456
	大工										
	左官										
特	とび・土工・コンクリート	313	0	397	0	0	6	0	7	0	456
	法面処理	313	0	397	0						456
	石										
	屋根										
	電気										
般	管	313	0	397	0	0	6	0	1	0	456
	タイル・れんが・ブロック										
特	鋼構造物										
	鋼橋上部										
	鉄筋										
特	舗装	334	6,264	479	6,264	6	6	0	1	1	456
特	しゅんせつ										
	板金										
	ガラス										
	塗装										
	防水										
特	内装仕上										
	機械器具設置										
	熱絶縁										
	電気通信										
特	造園	313	0	397	0	6	6	0	1	0	456
	さく井										
	建具										
特	水道施設										
	消防施設										
	清掃施設										
	その他										
	合計		469,377		384,377	7	6	0	9	1	

自己資本額及び利益額	数値	点数
自己資本額	136,391	736
利益額	6,097	594
評点 (X2)		665

その他の審査項目（社会性等）	数値等	点数
雇用保険加入の有無	有	
健康保険加入の有無	有	
厚生年金保険加入の有無	有	
建設業退職金共済制度加入の有無	有	
退職一時金制度若しくは企業年金制度導入の有無	無	
法定外労働災害補償制度加入の有無	有	
労働福祉の状況		30
営業年数	25 年	
民事再生法又は会社更生法の適用の有無	無	
建設業の営業年数		40
防災協定の締結の有無	有	
防災活動への貢献の状況		15
営業停止処分の有無	無	
指示処分の有無	無	
法令遵守の状況		0
監査の受審状況	無	
公認会計士等の数	0	
二級登録経理試験合格者の数	1	
建設業経理の状況		6
研究開発費	0	
研究開発の状況		0
建設機械の所有及びリース台数	15 台	
建設機械の保有状況		15
ISO9001の登録の有無	有	
ISO14001の登録の有無	無	
国際標準化機構が定めた規格に基づく登録の状況		5
若年技術職員の継続的な育成及び確保	該当	
新規若年技術職員の育成及び確保	非該当	
若年の技術者及び技能労働者の育成及び確保の状況		1
評点 (W)		6

（参考）

科目	決算	科目	決算	経営状況	決算	経営状況	決算
固定資産	134,578	売上高	497,964	純支払利息比率	0.267	自己資本対固定資産比率	101,347
流動負債	125,918	売上総利益	64,041	負債回転期間	4.323	自己資本比率	43,328
固定負債	54,375	受取利息配当金	23	総資本売上総利益率	22.416	営業キャッシュフロー	6,177
利益剰余金	116,391	支払利息	1,355	売上高経常利益率	0.071	利益剰余金	1,164
自己資本	136,391	経常利益	362	評点 (Y)			6
総資本（当期）	314,786	営業キャッシュフロー（当期）	14,496				
総資本（前期）	258,753	営業キャッシュフロー（前期）	26,367				

〔金額単位：千円〕

算式で計算されます。

総合評価（P）＝完成工事高（X1）×0．25＋技術者数及び元請工事完成工事高（Z）×0．25＋経営状況（Y）×0．2＋自己資本と利益（X2）×0．15＋社会性（W）×0．15

計算式をザッと見るだけで、X1とZにかかる係数が0．25と他の数字に比べて高いことがわかります。このことから、Zの「技術者数＝資格者」を増やして「元請工事完成工事高＝元請として請け負う工事の受注数」も増やすことが大事だとわかります。元請工事が増えれば、X1の完成工事高も増えます。

ぜひ、資格者と元請工事の受注数を増やすための対策をしてください。

今の時点ではこのような係数になっていますが、

これは改正になることもあるので常に確認が必要です。

計算式を構成している完成工事高他5つの要素の数字も、それぞれ計算方法があり、改正になることもあります。ですからシミュレーションとひと言で言っても、そう簡単なものではありません。1つひとつ計算しているうちに、うんざりすること請け合いです。

そこでおすすめなのが、経審のシミュレーションソフトです。

都城情報ビジネス社のソフト『元気くん』など、インターネットで検索すればいろいろ出てきます。なかには無料のものもありますし、電話による使い方のフォローがついているものなどもあるので、サービス内容を吟味して購入して使ってみてはどうでしょうか。

予想を立てることができれば、経審の提出までの間にできることを考えられます。どの数字を上げたいのか、そのためにはどう動くべきか。そしてそれを、しっかりと実行するのです。

とにかくシミュレーションできなければ、評点のコントロールができません。自社の位置を把握するためには、入札した場合にライバルとなりそうな会社の状況をも知っておきたいですね。だから、公開されている入札参加者名簿でライバル会社の評点を確認して次回の経審に備える。それをするのとしないのとでは、経審結果に大きな違いが生まれるでしょう。

大手の会社では、経審アップで100万円以上もの報酬をもらう人もいます。顧問税理士、行政書士、経理役員と同席して対策を説明し、実行していくのです。本来は、それが正しい経審アップのやり方です。

もちろんあなたも、これまでに経審アップ対策のために情報を集めたことはあるでしょう。しかし、大手の本格的な対策と比較すれば、それは場当たり的なものでしかないのです。

経審を託せる専門家に必要な6つの条件

シミュレーションしても、実際に経審の数字を出していくのは大変な作業です。仕組みを理解し、達成目標から必要な点数を決めたら、あとは信頼できる人に任せるのが経営者の仕事だと思います。

しかし行政書士の大多数は決算の部分をカバーできず、税理士は経審作成とは関わりを持っていない。それなら、次のような資質を持つ行政書士や経審コンサルタントに依頼するといいでしょう。

ただし選ぶときは、次の6つの条件を備えている人を強くおすすめします。

①決算書の意味をわかっている人

建設業法に基づく決算の知識があり、決算書がどうなれば公共工事受注のために有利なのか、経審にそれがどう反映するのかをシミュレーションできる人。

②決算月の3カ月以上前に対策を始める人

決算が経審に影響するので、決算前に対策をしなければなりません。「試算表を見せてください」という人は、決算前に対策すべきことをよくわかっている人なので、信用度は高い。

③項目の連動があることを知っている

1つの項目だけ点数が上がっても効果は薄く、項目の連動を狙ってこそ効率のいい評点アップが可能になります。各項目が、総合評価（P点）にどれだけ反映するかも合わせて知っているといいですね。

④格付け以外の経審の影響を知っている

受注のときに必要な契約保証のための与信枠の拡大など、経審の影響は格付けだけにとどまりません。

⑤民間信用調査会社の評点の重要性を具体的に示せる

民間信用調査会社の評点が公共工事にとってどのような意味を持つのか、を知っている人なら、経審アップ対策を民間信用調査会社の評点アップ対策にもつなげることができます。

後の章で詳しくお伝えしますが、民間信用調査会社の評点も公共工事において、欠かせない指標だからです。

⑥格付けの主観点も意識できる

格付けのシステムには変更が多く、客観点に用いられる経審でも要素の重みが変わったり(計算式で係数が変わる)、主観点に変更があったりします。そうしたなかで、主観点の大切さも認識するべきです。

これらの条件を満たす、信頼できる経審コンサルタントまたは行政書士を見つけることで、経審を戦略的にコントロールすることができ、会社の大きな成長にも必ずつながります。

なぜ、「決算時期の見直し」が重要なのか?

決算の数字が経審に大きく影響するので、決算の3カ月以上前にはそれまでの試算表をチェックして、決算までの3カ月の間にできる対策を打つべきです。だから、経審を任せる人の条件として、「②決算月の3カ月以上前に対策を始める人」を挙げています。

こうして経審対策を意識して決算を終えたら、その対策を反映した決算をすみやかに経審につなげたいですよね。だから、決算月からおよそ2カ月後に決算書が出たらすぐに経審が実施されることが望ましいわけです。

経審の実施時期は、都道府県によって違います。「○○県は通常は△月末〆切」と、だいたい決まっているものですが、変更になることもあるので、必ず確認してください。

たとえば経審の受付〆切が3月末だったら、3月決算では5月頃までに決算書を作成するので、せっかく経審対策をした決算書をその後すぐに活用できないことになります。望ましいのは、11月決算にして1月頃に決算書を作成し、3月の経審に反映させること。

もし自社の決算時期と経審の時期が噛み合わないようなら、経審に合わせて決算時期を変えればいいのです。それだけ、決算書の改善は経審の点数アップに影響するのだということを意識してください。

まずは経審の受付〆切をチェックしましょう。都道府県のホームページでも確認できますし、直接聞いてもいいのです。

だいたい税金から給与を得ている公務員のみなさんは、質問されたら答える義務があります。だから経審の、問合せや疑問があれば何でも、躊躇なく聞きましょう。むしろ、聞かなきゃ損ですよ。

また、決算の数字ではないのですが、対策を最大限に反映させるという意味でもう1つアドバイスを。

完成工事高と元請工事完成工事高の数字は、2年平均か3年平均か、どちらかの年数を選んで算出します。経審対策をきちんとしていくと、年々その数字は良くなっていくはずですので、3年平均よりも2年平均を選んだ方が、結果が良くなります。

もしも、直近の2年間で思うように数字を上げられない時期があり、3年平均のほうが良い結果になるというのなら、もちろん3年平均を選べばいいのです。そこは、状況に応じて判断してください。

ただ、毎年のように対策をしている場合は、通常2年平均がいいということは意識していきましょう。

このように、対策をするだけでなく、それをいかに反映させるかというところまで考えると、ますます点数アップにつながっていきます。

決算時期は自由に変更してもOK

もう1つ、決算時期を見直すべきケースについて触れておきます。

経審のYとX2の点数（85ページ参照）は、決算書に左右されるものでした。だから、決算時期を〝いい決算書を作れる時期〟にするという考え方です。

3月決算の会社が、12月の時点では決算書が非常にいい形になるものの、3月になるとおそらく非常に悪くなってしまう……。どうしても格付けを上げなくてはならない、あるいは落とせないという事情があるのなら、通常の3月ではなく12月決算にしてしまいましょう。

そして狙い通りの格付けとなったら、そのランクが維持されている間に対策を打って、次の格付けまでに決算内容を良くすればいいのです。

このようなことは、毎月試算表をチェックする仕組みがなければ気づきません。あらかじめ目標の数字をイメージしていなければ、経審の届出のときに初めて「マズイ！」ということになります。やはり目標設定や月ごとのチェックは大切なのです。

「うちの会社の決算時期は○月！」と、固定観念に縛られていては損をするだけ。決算時期の変更は、自由にしていいのです。発想の柔軟な会社は、すでにこのようなことをやっています。

経審の評点をアップさせたのに格付けが変わらないときは？

通常、経審を提出して格付けが決定すると、2年間はその格付けが固定されます。せっかく決算書の内容を良くして経審の評点もアップしても、2年も格付けが変わらなければ大きな物件に入札できません。悲しいですね。

その場合は、入札参加資格の**随意登録**ができるかどうかを調べてみましょう。都道府県によっては、定期的な登録だけでなく、随意登録ができるところもあります。たいていは各都道府県の財務局などで把握されているので、電話して聞いてみてください。丁寧に教えてもらえるはずです。なかには変更届という手続きもありますが、これは格付けに反映しないため意味がありません。

経審コントロールは、常に現状維持より点数アップを狙おう

様々な努力が実って、Aランクに格付けされたとします。今後も気を緩めずに、点数をキープしていればいいのでしょうか？

いや、キープでは心もとない。前述したように、格付けは相対的に判断されるものであって、ランクを区切る点数は絶対値ではないからです。

今年のAランクが720点以上で、725点でAランクに格付けされたとしても、来年は730点以上でなければAランクに格付けされないかもしれません。

それなら、点数キープではBランクに陥落することになります。それをしっかりと理解していなければ、経審のコントロールにおいても現状維持を目指して失敗する可能性があります。

やはり大切なのは、公開されている入札資格者名簿を見てライバル会社の格付けを把握しておくこと。他社の動向を推測することは、自社の方向性を決める上でも非常に大切なポイントになります。

公共工事はライバルとの競争です。そのライバルたちの情報は、少なくともオープンになっ

ているものはすべてつかんでおきましょう。

もう1つ、経審で判断される「客観点」だけでなく、「主観点」も意識するようにしましょう。ウェイトが軽いと言っても、総合点を上げるためには決しておろそかにはできません。しかし、つい経審ばかりに神経がいってしまうことがあるので、逆にしっかり対策できれば有利になります。

ただし、主観的事項については各エリアによって異なるため、ここで具体的にアドバイスできることはありません。入札資格審査に申請をする前に、必ず各都道府県など審査機関のホームページをチェックして、対策できることがあれば対策しましょう。

実際にチェックしてみるとわかりますが、客観的事項と主観的事項のどちらにおいても指標となっている項目があります。

たとえば、ＩＳＯ資格の取得や建設機械の所有などです。それらの項目に対して対策すれば、ダブルで効果が大きくなるのは明らか。ぜひ主観的事項も意識して、経審の客観点だけでなく主観点もアップできるように対策してみてください。

「単価」と「件数」。アップさせるならどっち？

ここまで、高い単価の物件に入札できる資格を得るための格付け対策についてお伝えしてきました。最後に、単価が高いことが何を意味するのかを考えてみたいと思います。

売上＝単価×件数なので、売上を上げるためには単価アップも受注数アップもどちらも重要です。しかしどちらがより重要かと言えば、資金繰りさえできれば、それは単価アップです。

たとえば１０００万円の利益を確保したいならば、単価１億円ならば10パーセントの利益率を出さなくてはなりませんが、単価10億円なら

1パーセントでもいいのです。単価が高ければ、断然ラクに利益を出せるのです。

このことを、肝に銘じなくてはなりません。

しかし、単価の大きな仕事を取ることはハードルが高いと感じている中小建設会社の経営者が少なくありません。

今まで下請中心で仕事をしてきたのに、いきなり公共工事の元請けとして単価の高い物件を受注することに抵抗感があるのでしょうか。1億円の民間工事の下請ならやっているけれど、公共工事は500万円しか受注したことがない。だから次は、1000万円の公共工事を受注しようか……。

そんなことではなく、1億円の下請ができるのなら、1億円の公共工事の元請だってできるのです。

単価が高ければ高いほど、利益を確保しやすいのですから、どんどんチャレンジするべきではありませんか？　経審のような公明正大な指標で評価されて、単価の高い物件を任せられる会社であると認定されれば、自信を持っていいのです。

ビジネスにとって重要なのは単価アップ！

そのためには高ランクに格付けされることが必要。だから、経審対策に神経を注ぎつつ、主観点も決しておろそかにしないこと！　必ず押さえておいてください。

第4章
公共工事で利益10倍の会社になる!

公共工事での利益アップには、具体的なテクニックがある

第1章でお伝えした「公共工事のメリットとして利益が上がること」について、本章ではもう少し掘り下げて、具体的な利益を上げるためのテクニックをお伝えします。

とにかく公共工事は、キッチリと戦略的に仕事を回せば必ず利益が増える！

だから戦略もなく何となく落札しているような会社や、敷居が高いような気がして公共工事への入札をためらっている会社は、非常にもったいないことをしているのだという意識を持ってください。

本章の内容をきちんと実行すれば、あなたの会社が数年で利益3倍、5倍、いや10倍になることも夢ではありません。少なくとも、現状よりは絶対に増えると言いきれます。

まずはテクニックのなかでも特に重要な「下請コントロール」から、お伝えします。

下請コントロールは、元請けの〝義務〟と心得よ

公共工事で元請になったら、重層構造のトップに立って下請を使う立場になります。そこで、下請選びが大変重要なミッションとなってくるのです。

下請のさらにその下にも、二次下請、三次下請とつながっていく可能性が大いにあるので、しっかりした下請を選べばその下に連なる下請にも信頼できる仕事ぶりを期待できます。

ただ〝重要なミッション〟の理由は、それだけではありません。

むしろ、もっと大きな理由があります。下請の選び方によって、利益が大きく左右されるというのがその理由です。

下請との付き合い方は、〝なあなあ〟になってしまうことがよくあります。長い付き合いである、あまり細かく説明しなくてもわかってくれる、といった「任せておけばラクだから」というだけで、精査もせずに依頼してしまうパターン。身に覚えはありませんか？

そのため、こちらから厳しい条件を出しにくい関係になってしまいます。

本当は1000万円の売上から20パーセントの利益を出すために800万円で請けてもらいたいのに、「うーん、800万では厳しいですねえ。900万円ならやります」と言われれば、差額の100万円を妥協してしまう。

こちらが下請を使う立場なのに、いつの間にか下請の言いなりになっている……。あちらはこの元請・下請関係が安泰だと思っているから、そこに乗じて金額を上げてきているのでしょう。

しかし下請交渉の担当者は、言いなりになって利益目標20パーセントを守らなくていいのでしょうか？

下請に余分に払ってしまった100万円分を埋めるには、10パーセントの利益率でもう1つ1000万円の仕事を取らなくてはいけないのです。事の重大さに気づいていないとしか言いようがありません！

ラクだからという理由で、何の権限もないのに会社の利益を損なっているわけです。ちゃんと探せば、800万円で請けてくれるところはあるのに、その努力を一切しなくてもいいのでしょうか？

「あなたの給与から100万円を埋めてくれるならいいですよ」と言ってみたらどうでしょうか。この担当者が、それでも良しとするとは思えませんね。ただラクをしたいだけであり、もしかすると数十万円のバックを受け取っている可能性すらあるのです。

このようなやり方を許していては、みすみす利益を減らしているということになります。そしてチェック機能がないため、そのことにトップも気づかない。トップが気づいていないことが一番の問題です。

「元請は強い立場で、下請は弱い立場だ」という構図がありますが、実際には下請にいいように使われている元請も多い。下請のために、元請が一生懸命働いているようなものです。

担当者と下請とが、「この金額でお願い」「いや、もう少し上げてください」「わかった」と二者だけで決めてしまうようなことがあっては、絶対にいけません。

意味もなくずっと同じ会社に仕事を外注しているのであれば、すぐに見直してください！

これは構造的な問題です。まずは社長が、どのように下請を選定しているのか把握し、社内でも「ラクだから」と安易な下請選びに流されないように徹底しなくてはなりません。

下請にいくらで外注をするかが、自社の利益を大きく左右します。

では、どうすれば目標通りの、あるいは目標以上の利益を上げることができるでしょうか。

私が提案したいのは、「下請コントロール」をしっかり行うことです。

下請をランク付けするための４つの指標

下請コントロールの具体的な方法――それが「下請のランク付け」です。ランク付けするための指標は、各社それぞれでいいと思います。それぞれの会社の理念や特性などから、下請に求めるものには違いがありますから。

ただし、次の4点だけは共通して指標とすべき大事なポイントです。

①金額と支払い条件

こちらの利益率を守るために、いくらで請けてくれるのかということは非常に重要。また資金繰りの面から、支払いは遅くできるほうが望ましい。

工事が大規模になり、工期が長くなればなるほど、資金繰りは大変になるため、それを含めて理解してもらうこと。

②仕事のクオリティ

最高のクオリティに高い金額を支払う必要はない。こだわりすぎる会社は、逆にNG。できるだけ抑えた金額のなかで、合格レベルのクオリティをクリアできるかどうかがポイント。

③工期

工期に遅れずに、あるいは早めに作業を終わらせることができるかどうか。あたり前のことながら、妥協は一切なし！

④人員調達

必要な人員を集められずに、工期が遅れたりクオリティが下がったりしないかどうか。

この4点に、それぞれ「大事だ」と思う指標を付け加えて点数化します。

社長が下請協力会社についてすべて評価するのは無理ですが、現場で付き合いのある担当者に必ず報告させるようにしましょう。

下請コントロールで真の良好な関係を築こう

点数化ができたら、総合的にＡＢＣに分けて仕事のパートナーとしてのランクを把握してみてください。

「Ａランク」は、ぜひ仕事をお願いしたい会社。しかしＣランクの会社は、協力会社としては入れ替え対象にすべき会社です。

入れ替え対象の会社があるからには、当然ながら新規の協力会社も必要になってきますね。だからランク付けと同時に、新規協力会社も労を惜しまず開拓しましょう。

できるだけ良いパートナーシップを結べる会社を探すには、まず会社の姿勢をアピールすること。

どのような理念なのか、どういう経営目標があるのか、強みは何か。それらを明らかにすることで、共感してくれる会社が見つかります。

アピール方法はいくつか考えられます。

たとえば協力会社を求めるメッセージと共に、ホームページに載せる。共感してコンタクトを取ってくる会社があるかもしれません。

あるいは、出入りの銀行・信金や民間信用調査会社の営業担当者に話しておくと、多数の会社と付き合いがあるのでうまくマッチングしてもらえることもあります。

ターゲットとなる業種の会社（Ｗｅｂで探しましょう。たとえば「○○市　電気工事」と入れて検索）に、「このような会社ですが、お取引いただけるのならばぜひご連絡ください」と、一斉にＦＡＸを送るという方法もあります。電話をしまくってもいいです。

具体的な工事物件がない時期であっても、このように新規協力会社を探しておいて、いつでも優良なパートナーを選べる体制を作っておきましょう。

そして、下請をランク付けしていることを協力会社にも宣言すべきです。新規開拓の際には、「ランク付けをさせていただいております」と明らかにしておけばいいです。

そうすることで、「Ａランクになれるように努力しよう」と協力会社のモチベーションが上

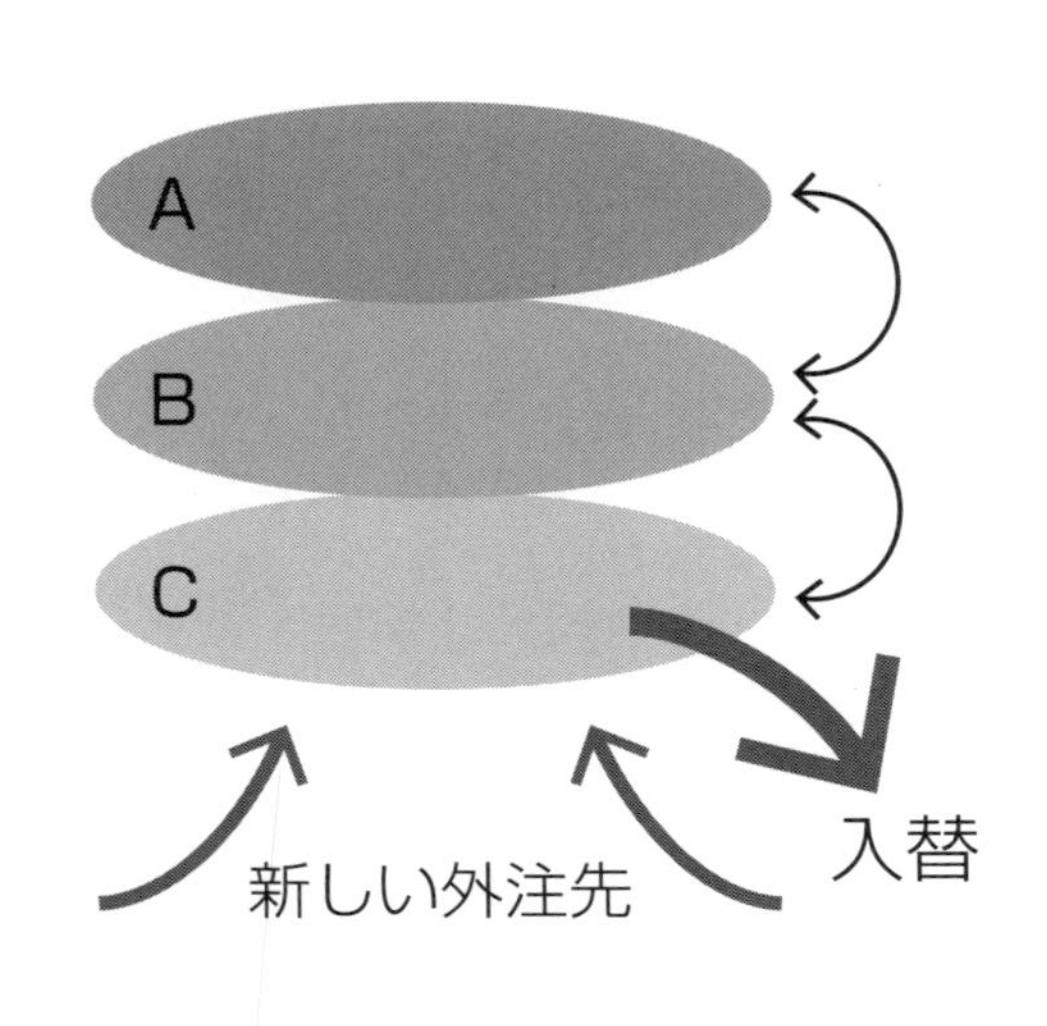

がります。良いパートナーになるために、他社との仕事よりも優先してくれるかもしれません。協力会社のなかに競争関係を生み出すことにもなり、全体のレベルアップが期待できます。

元請としては、協力してくれることに対して感謝を示すことができると、コントロールがさらにうまくいきます。

私の顧客で、下請協力会社たちと結束して結果を出している会社があります。

その会社では年に一度、協力会社と合同で川の清掃をするそうです。みんなでおそろいのジャンバーを着て、清掃という社会貢献活動をします。そのあとに、バーベキューをふるまって懇親を深めるということです。

写真や動画をSNSにアップしてこの活動をアピールすることで、ますます全体のモチベーションが上がります。それが仕事の結果にも反映されて、利益もどんどん増えていくというわけです。

長い付き合いでずっとお世話になってきたとか、人間関係が非常にうまくいっていて仲良くしたいとか、いろいろな感情があるのは当然です。それはそれで、あってもいいものです。

しかし、感情と仕事とは別！

会社である限り、少しでも多くの利益を上げなくてはなりません。

たとえ人付き合いの悪い社長の会社でも、仕事がしっかりしていて評価が高いのなら任せるべき。人付き合いが悪いおかげで他の会社からの依頼が少なく、かえってオファーしやすいかもしれませんよ。

下請コントロールは、利益を出す上で絶対にやるべきことです。そして、利益が増えるだけでなく、協力会社との〝なあなあ〟ではない「真の良好な関係」を築くきっかけにもできるのです。

なぜ、定期的な現場ごとの利益チェックが必要なのか？

これまでに、事業計画の段階で年間売上目標を立てなくてはならないということをお伝えしてきました。その年間売上目標を達成するために、よく考えて入札をしなければならないということになります。

つまり、「受注金額はいくらで外注費がいくら、その他固定費にいくらかかって、材料費や人件費はいくら、それで利益率が●パーセント……」ということを、入札前から考えておくのは当然なのです。

年間売上目標は、ただ何となく決める数字ではありません。きちんと仕事が回り、会社が成長するために必要な数字です。

もし達成できなかったら「残念」で済まされるようなことではなく、なぜ達成できなかったのかを徹底的に追求し、課題が見つかったら必ず解決しなければなりません。

「これだけの利益が出るはず」という計画のもとに落札したのなら、本当にその利益が出ているのかどうかの確認を定期的にするべきです。

確認をして、「どうもうまくいっていない」ということがわかり、その時点で手を打てるのなら挽回できる場合があります。そして、予定通りの利益を出せれば問題ありません。

しかし確認を怠っていたら、工期が終わってからやっと「実は利益が思うように出ていなかった！」と気づいて慌てるかもしれません。

工期が2年もあったらどうしますか？　2年もの間、利益について確認をしないなんて恐ろしいことです。利益率が低下するだけならまだしも、大きな赤字を出している可能性だってあるのですから。

常に1つの工事しか請け負っていなかったら、何となく感覚で利益が出ているかどうかわかるかもしれません……が、それでも結局は、感覚の域を出ません。

同時に複数の工事を手掛けていたら、会社全体の利益がどうなっているのか、感覚ですらわかりにくいですね。

だから、定期的なチェック体制が必要なのです。

定期的な利益チェックで、どんぶり勘定にサヨナラ

もしも現場ごとの利益チェック体制が整っていないのなら、今すぐに改善してください。各現場の会計を週ごとにチェックして、毎月の全体会議で報告させること！　きちんと数字に落として、判断の根拠にすることが大切です。

このようにチェックして改善していけば、終わってからドカンと赤字が出るようなことは避けられます。

もちろん確認作業を繰り返しても、大赤字は避けられたとしても、思うように利益が出せないことはあります。

ただ、それは「儲からなかった」という残念なケースで終わりません。毎月のチェックがきちんと全社にフィードバックされ、共有することで貴重な情報になっていきます。

やがて「このような現場は儲からない」「こういう現場なら、予想よりもっと儲けが大きく

なる」ということが、情報の集積からわかってきます。

そうなれば、利益が大きいと予想される物件に入札すればいいわけです。第1章ですでに説明した通り、入札物件はいろいろあります。

こうした情報の共有は、自社内にとどまらず協力会社にまで広げると、なお良いでしょう。たとえば「儲かる現場の特性にマッチした技術を持つ御社に、ぜひ外注したい」と依頼すれば、意気に感じて高いパフォーマンスを見せてくれるのではないでしょうか。

つまり現場ごとの利益チェックは、最大限に利益を確保するだけでなく、戦略的入札のための情報集積につながり、それが協力会社の士気をも高めるということ。やらなければ、大きな損につながると思いませんか？


付け加えておきますが、このような毎月のチェックができる会社は、決算の準備もしっかりしています。

試算表を毎月きちんと作り、銀行に提出することで信頼されるような会社です。毎月試算表を作るという体制があるからこそ、現場ごとの毎月のチェックも必要で大切だということがわかっているということでしょう。

つい、どんぶり勘定で済ませてしまいがちなところまで、しっかりと数字で出してみる。その姿勢が、優良会計につながっていくということです。

売上を伸ばしたいなら、〝オンリーワン〟にこだわるべからず

ビジネスでは「1」を避ける。それが私の持論です。

どういうことかというと、何事も「1つだけ」にしておくよりも、複数を持っているほうが、可能性が広がったり、いざというときの危険回避につながったりするということです。

会社を1つだけ経営するより、他の地域にも会社を作れば、その地域でも公共工事に入札できます。

取引銀行も、1行だけではリスクがあります。担当者が異動になって変われば、融資の判断が厳しくなることがあるからです。また、他行との競争がなければ営業努力もしてもらえないかもしれません。

もう1つ、ぜひ意識していただきたいのが、「工事の認可を一業種だけにしないこと」です。

建設工事は2種類の一式工事（「土木一式工事」「建築一式工事」）と、27の専門工事の、合わせて29の業種に分類されています。

一式工事は大規模な工事や施工内容が複雑な工事を、総合的な企画・指導・調整のもとに行うもので、原則2つ以上の専門工事を組み合わせた工事になります。

こうした業種から、関連性のある上位業種や類似業種を選んで認可を申請しましょう。

たとえば、専門工事である管工事の認可しか受けていない会社は管工事単体の物件にしか入札できません。しかし建築一式工事の認可を受ければ、より大規模で複数の専門工事が必要となる物件に入札することができます。

このとき、複数ある専門工事のなかに、もともとの専門である「管工事」が入っているべきです。落札できたら管工事の部分だけ自社で担当すればいい。そして、専門外の部分は外注に出してしまえばいいのです。

管工事単体の物件よりも、管工事を含むもっと大きな物件までターゲットに入れることができたら、入札の機会は格段に広がります。しかも、一式工事で扱うような物件は、大きな分だけ受注金額も高くなることでしょう。

今の業種にこだわる必要はありません。他の専門工事や、できれば一式工事の認可を取って、入札の選択肢を増やしたいものです。

ただし、増やせばいいからと無節操に何でも増やしてはダメ。あまりに業種が多い場合は、その専門性や技術力に疑問符がついてしまいます。

効率的に仕事を回すためには、あくまでも専門分野は大切に。その上で入札のチャンスを広げるという観点から、戦略的に業種を選んで認可を取りましょう。あくまでも、売上を増やすためのテクニックと心得てください。

オウンド・メディアで発信してコストを減らそう

今の時代、個人ですらSNSでいくらでも自分の生活や夢、想いなどを発信する機会があります。うまく自己プロデュースをして、一躍有名人になる人も珍しくないほどです。

ならば、法人としても発信のためのツールを持ち、どんどんアピールしていくべきだとは思いませんか？

発信ツールとしておすすめしたいのが、オウンド・メディア。自社で所有するメディアのことです。

ホームページやブログ、ｆａｃｅｂｏｏｋ、Ｔｗｉｔｔｅｒなどを使って、自社についての様々な情報を発信します。

ブログで具体的な仕事や社内風景などについて語ってもいいですし、Ｗｅｂマガジンを発行して事業内容をアピールしたり仕事に邁進する社員のやり甲斐に迫ったりしてもいいでしょう。社内イベントがあれば、動画や写真をどんどんアップ！

おもしろくしなければと、構える必要はありません。ただ企業理念が明確で、成長するために公共工事の受注などで努力していることがわかり、仕事に対するひたむきな姿勢が伝わればいいのではないでしょうか。

思いがけず社員のイキイキとした表情を捉えることになり、社内の活性化にも一役買うことになるかもしれません。

どのような社風でどんな仕事実績があるのかがリアルにわかり、求人や協力会社募集といった『○○を求む！』をアナウンスすることもできる。そんなオウンド・メディアを持てば、結果的に広告が必要なくなるわけです。

建設業界は常に人手不足に悩まされているので、特に求人広告に多くの費用をかけてしまいがちですが、もし求人広告が不要になるのであれば大きなコスト削減につながります。

公共工事を請け負っていることをオウンド・メディアでアピールできれば、信頼できる会社と評価されていい人材を採用しやすいということもあります。

ハローワークは公的な職業あっせんの窓口なので費用もかからないため、ぜひ活用すべきものです。しかし、求人広告に大金を投じる必要はないと私は考えています。

オウンド・メディアの活用で、コスト0で人材を確保！

「下請コントロール」の項目で、協力会社と年に一度、川の清掃とバーベキューをやる会社についてお話しました。素晴らしいイベントだということで、市長や市会議員まで参加されたそうです。

この会社は、イベントの紹介だけでなく視察を受けたこともSNSでアピールしましたが、優良な会社として民間信用調査会社の帝国データバンクから取材を受けて記事にしてもらうことができました。帝国データバンクの記事は転用が可能です。自社のホームページに記事を転載して求人につなげました。

帝国データバンクが書いてくれたようなクオリティの高い取材記事を、もしこちらから依頼して書いてもらうとしたら、すぐに何十万もの費用がかかってしまいます。しかし、先方が書いてくれたものを転用するのですから、当然費用はかかりません。

このようにオウンド・メディアで、クオリティの高い記事をコスト0で活用できるパターンがあれば最強です。

就職先を探している人は、興味のある業界の会社についてインターネットでいろいろ調べるものです。

「こんな仕事を請けてくれる会社はないかな？」と、仕事の依頼先を探している場合ももちろん、インターネットで探すでしょう。

今は、自分の知りたい情報があれば広告を眺めるよりも、まずはパソコンやスマホで検索。オウンド・メディアがなければ、その検索にまったく引っかかってきません。それでは人材確保も仕事の依頼も期待できませんね。

自社を知ってもらう方法は、広告を使わなくてもいくらでもあるのです。むしろ、広告会社に任せていたってどの程度の広告を仕上げてくれるだろう、と疑問に思うのではないでしょうか。

自社について一番よくわかっているのは、広告会社ではなく自社で働く自分たちです。いい人材が欲しいと心から願っているのも、広告会社ではなく自分たち。

ホームページも何もないという会社は少ないかもしれませんが、それをオウンド・メディアとしてうまく活用できているかどうかを今一度確認してみてください。

少し意識を変えて活用するだけで、驚くほどの効果が生まれます。

不要な生命保険は思い切って見直そう

保険の活用方法はいろいろとあり、他の章でも触れます。ここでは、コスト削減のための保険の見直しというテーマに限ってお話しします。

建設業は事故や機材の故障、破損といったリスクに常にさらされているので、損害保険に加入しないという選択肢はありません。保険料をケチることなく、必ず損害保険には入るべきです。

でも、生命保険はどうでしょうか。

中小企業の社長さんたちは、生命保険についてもやはり「とにかく入るもの」と思っているでしょう。解約したら損をするから保険料を払い続けるべきで、死亡事故が起きたら保険金をもらえる。そのような認識だと思います。

でも実は、解約してもいいのです。

保険についての先入観でそう思ってしまうだけで、もし保険料がコストになっていると考えるのであれば、解約してしまっても大丈夫ですし、安い保険に変えてもいいでしょう。また保険会社から借入することもできます。銀行からよりも格段に早い融資となります。

保険の仕組みはなかなか複雑です。保険の取り扱いもしている私が言うのだから、本当です。税理士に相談してみても、詳しい人はほとんどいないでしょう。決算上の保険の扱いを見ても、間違いが多い！　税理士がまったく理解していないことの現れです。

逆に、きちんとわかって利用すれば価値があります。

できるだけ人の知らないことをやって、差をつけましょう。みんなと同じ対策をしていては、まったく差がつきません。

たとえば全額損金の保険に加入して、決算で資産計上しないようにすれば、税金対策になります。そのカラクリについては、ここで解説するには少々わかりにくいので省略しますが、保険代理店など保険のプロに相談してみる価値は絶対にあるのです。

第5章

決算書こそ経営の肝である!

なぜ、公共工事において決算書が〝極めて重要〟なのか？

会社を経営するうえで決算書が重要だということは、経営者であれば誰もが理解していることだと思います。

決算期には経理担当者が決算業務に追われていて、ほとんどの場合、税理士の先生にお願いして決算書を作成する。税務署にも提出しなければならないし……。

こうした状況の〝肌感覚〟で、「決算業務は大変だ。それは決算書が重要だからだ」というイメージができ上がるのではないでしょうか。

その通り！　決算書は会社を経営する上で一番重要な書類です。特に、公共工事の受注のためには〝極めて重要〟です。

ではなぜ重要なのか、その根拠までわかりますか？

「わかる」という人でも、**本当の意味で理解していないことが多い**と経験から感じています。

決算書が重要となる根拠は、それが会社の信用力を左右するものだからです。単に税金を払うために諸々の数字を出すのではなく、決算書自体が会社の体力を表し、会計面から安定している信用できる会社なのか、それとも不安要素があって信用できない会社なのかがわかってしまうから。

信用のある／なしはどんな会社にとっても重要ですが、公共工事を受注するにはより具体的に重要になってきます。決算書の内容によって、会社の経営を大きく左右する次の3つが決まるからです。

①翌年の工事単価の上限
②翌年の工事全体の請負額
③翌年の工事の受注件数

これが決まることをご存知の方は、どのくらいいらっしゃるでしょうか？

決算書が及ぼす4つの影響

なぜ前述の3つが決まるのか。それは、それらが会社の信頼性を示す指標であり、信頼性の証明のために提出する書類が決算書に影響されるからです。

公共工事の発注元は「国」や「都道府県」といった公共の機関です。すなわち、公共工事はすべて税金で賄われます。

税金を使うからには慎重に発注しなければならないので、信頼できる会社であるという保証が欲しい。だから、「どのレベルまで任せられるのか」という信頼性をクリアにしたいと思うのは当然のことです。

公共工事を受注しながらも、中小企業の経営者のほとんどは決算書が及ぼす影響についてわかっていません！　税理士も行政書士も同様にわかっていない。それを知る術がないので、仕方がないという側面もあるでしょう。

だからこそ、決算書が何に影響を及ぼすのかを知れば、大きな力になります。

では、それを明らかにしていきます。

①経営事項審査（経審）

第3章で、経審と決算書の関わりについて述べました。経審は公共工事参加資格の格付けを決める重要な審査でしたよね。

その経審に大きな影響を与える決算書。公共工事に入札したいのなら、どうすれば良い決算書になるのかを、重要課題として捉えるべきです。

実は決算書の経審に対する影響は、昔に比べて増しています。以前は工事の売上高を重視していたようですが、建設会社の倒産件数が増えたことなどを背景に、決算書から判断する部分を増やしています。

②保証会社

公共工事の特性として、契約保証をつけなくてはならないことが挙げられます。決算書が悪いせいで、契約保証を引き受けてくれるはずの保証会社の審査が通らないと困ります。

保証会社の審査を通らなければ、契約保証の保険に入りたくても入れないという事態になります。せっかく落札しても、実際に受注ができないということも起こりうるのです。

保証会社で審査を受けるときには、通常は決算書3期分を提出しなくてはなりません。会社によっては勘定科目まで見て、より細かく情報を集めようとします。非常に慎重に調査を行うため、複数の民間信用調査会社からもレポートを取り寄せます。

昔は保証を必要とする公共工事は少なかったのですが、やはり多くの建設会社が倒産したことが背景となって、保証を取る方向へ舵を切りました。役所は税金を使うので、危険をできるだけ回避するという意味合いがあります。

審査が必要ない現金供託の制度もありますが、これも数は少なくなっています。発注元である国や都道府県は、できるだけ現金を預かりたくないという事情があるのでしょう。

耳を疑うことですが、現金が流用されたり着服されたりするケースも過去にはありました。疑われるようなことは、したくないのがお役所！　お金の流用が疑われるのならば、そもそもお金を預からなければいいというわけです。

そのため、中小企業が受注できるほとんどすべての公共工事で、今は保証が必要とされています。それだけ保証会社の重要性が増しているのです。

国は中小企業にもっと公共工事を受注させようという指針を発表し、政策も打ち出しています。しかし中小企業は経営基盤がぜい弱だったり、倒産・夜逃げといったリスクが依然として存在すると思われています。そのリスクを、発注元である公共機関が審査したり責任を負ったりすることはできません。こうした理由から、契約保証の必要な案件がより多くなっています。この審査に、決算書が大きく影響するのです。

③民間信用調査会社

保証会社の審査は、複数の民間信用調査会社からもレポートを取り寄せて行われます。民間信用調査会社と言ってもピンとこないかもしれませんが、代表的な会社である帝国データバンクと東京商工リサーチの名前は、よく聞いたことがあるでしょう。

民間信用調査会社は、やはり決算書を見て調査レポートを作成します。しかし、調査レポートがいったいどんなものなのかを知らなければ、決算書対策につなげようとしても難しいでしょう。

見たことがありますか？　もしないのなら、ぜひ民間信用調査会社の営業マンに来てもらい、法人の調査とはどのように行われて、どういった指標をもとに点数を付けているのかを教えてもらってください。

自分の会社の調査資料を開示してもらうことはできませんが、同業他社の1社（できれば自社よりも格付けが数点高い会社）について調査を依頼し、数週間後に届くレポートを実際に目にしてみましょう。

このとき、できればレポートの内容について調査会社から解説もしてもらうといいですね。重要なのは、「自分の会社ならどのような点数になるのか」を想定しながら内容を咀嚼することです。

調査会社に、「自分の会社なら」というところを聞いてみてもいいと思います。具体的な点数を聞くことはできませんが、評価のポイントを再確認できます。

レポートには、必ず決算書についての情報が書かれているはずです。その決算書をどのように分析しているのかを、知る必要があります。それは調査会社からのアドバイスがあれば、きっとわかるはずです。

民間信用調査会社との付き合いを大事にしてきた建設会社はあまりないと思います。しかし、これまで考えもしなかったような付き合いが、有益な卵をいくつも生むのです。やってみて損はありません。

民間信用調査会社については第8章でお伝えしますが、彼らの重要性については、ここで知っておいてください。

④銀行（金融機関）

ご存じの通り、銀行の融資は決算書を見て行われます。だから銀行からの借入の上限は、決算書でほぼ決まります。

おかしな決算をしていると、銀行員のプロの目にすぐに見抜かれるでしょう。すると信用できない会社だと思われて借入の上限が減ったり、借入期間が長期から短期に変更されたり、条件が変わってしまいます。

銀行が決算書のどこを見ているのかを、知る必要がありますね。銀行の視点を知ることは、審査される立場として非常に重要なことです。

このように、会社はあなたの知らないうちにあなたの知らない人から審査されています。ここに挙げた4つ以外にも発注者、リース会社、不動産会社などの多くの厳しい目が、決算書には注がれているのです。

売上を上げることやいい仕事をすることにばかり意識を向けてしまいがちですが、経営者であるならば会社を審査する人がいることを知り、審査する側の視点も持たなくてはなりません。

これから、審査されるときにはどのような決算書であるべきかという視点から、決算書の中身について語っていきます。

公共工事における良い決算書、悪い決算書とは？

公共工事にとって決算書が重要な理由は、このように具体的にあります。「なんとなく重要」ではなく、こうした具体的理由を意識しながら良い決算書を目指していかなくてはなりません。

では、どのような決算書が公共工事を受注する上では『良い決算書』で、どのような決算書が『悪い決算書』なのでしょうか。

ほとんどの中小建設会社の経営者は、会計経理の知識にはそれほど明るくありません。私は10年以上も中小建設会社の経営者たちとお会いしてきましたが、会計経理の知識が充分という人はいないと実感しています。

ましてや公共工事向けの決算書。押さえておくべきポイントが数多くあるので、詳しい人はさらに少なくなります。大袈裟ではなく、私がこれまでにお会いした経営者のなかでも、片手で数えられるほどではないでしょうか。

あなたも決算書は税理士に任せておけばいいものだと思って、あまり深く考えてこなかったというのが正直なところではありませんか？

建設会社は現場主義にならざるを得ない業界でもあり、専門外の分野は誰も教えてくれず仕方がないのかもしれません。ですが、公共工事を受注したいのであれば、知っておく必要があります。

これを機会に「良い決算書」「悪い決算書」について判断できる目を持ちましょう。

おそらく、すぐに思いつくのは「黒字なのか赤字なのか」で良し悪しを判断することではないでしょうか。やはり黒字が望ましい。そう考えるのが普通です。

もちろん、それはそれで間違いではありません。しかしそれだけでは、**公共工事においてはあまりに短絡的**ということになります。

他にも注目すべきところがあります。会社の規模や業種によって、必ずしも同じ判断にならないこともありますが、どの会社でも通じる要素としては次のようなことが挙げられます。

＊良い決算書

・黒字が続いている
・自己資本比率が高い
・借入金が少ない
・固定資産が少ない
・現金が多い
・資本金が多い

＊悪い決算書

・赤字が続いている
・債務超過
・借入金が多い
・固定資産が多い
・現金が少ない
・資本金が少ない

いかがですか？　あとから説明しますが、「黒字・赤字」よりも、むしろ他の部分が大切です。もしも赤字になっても、他の項目が比較的「良い決算書」に近ければ、それほど心配な状態ではありません。

また、売上は関係ないのかという疑問も湧くかもしれませんが、決算書の良し悪しを決めるうえでは、それほど重要な要素ではありません。売上が大きければ利益も大きくなる可能性はありますが、動かしているお金が大きい分だけリスクもあるからです。

これをリスクと捉えるのは、経審・民間信用調査会社・保証会社・銀行という、あなたの会社の信頼性をチェックする人たち。この4者は、前節で説明したように〝決算が影響を及ぼす〟相手でもありましたね。

税理士が教えてくれない決算書のこと

決算書作成において欠かせない税理士の存在について、ひと言触れておきたいと思います。

建設会社の社長が気を遣う社外の相手は、1位：銀行、2位：税理士、となっています。税理士は、社長に対してかなりの影響力を持っているということです。

ただ、多くの税理士は公共工事についてほとんど知りません。公共工事の受注という観点から、どのような決算を目指すべきかという思考回路がないのです。

もし私なら、「①経審の点数」「②民間信用調査会社の点数」「③保証会社の与信枠」「④銀行の取引条件」の4点を少なくともイメージしながら決算の目標設定を行います。しかし、同じように考える税理士はほとんどいません。

決算書を作成して軽くアドバイスを加えてくれることはあるでしょう。しかし、対銀行という点では意識していたとしても、私ならイメージする①〜③の数値は税理士の頭のなかにはまったくありません。だからアドバイスと言っても、どんな会社にも通じるごく一般的なことにとどまります。

決して間違ったアドバイスではないにせよ、公共工事受注の対策ができるレベルのものではありません。

もちろん一部には、優秀で公共工事に詳しい人もいるでしょうが、私は今のところ出会ったことがありません。公共工事において優秀であるかどうかは、民間の建設業や他業種における優秀さの視点では測れません。

税理士が経営について教えてくれるとは思わないでください。

どんなにあなたが気を遣っていても、彼らには無理ですし、やろうとも思っていません。公共工事についてのアドバイスは、税理の業務外です。

有益な情報をくれる場合は、少なくとも無料ではありません。税理士顧問料以外にコンサルタント料を請求されるようなら、有益かもしれません。その場合、話を聞く価値がある可能性はあります。

税理士や行政書士といった士業の方たちは、定期的な仕事が途切れることを最も嫌います。ぼちぼち仕事を続けていけたらそれが最高なのです。期待してはいけません。士業とは、そういう仕事なのです。

だから、社長自身が公共工事にとっての良い決算書について学び、実践していかなくてはなりません。ここから、決算についての考え方を語っていきますので、ぜひ理解してください。

決算書で本当に重視しなければいけないこと

決算書は基本的に、「対照表（Balance Sheet ＝ＢＳ）」と「計算書（Profit and Loss statement ＝ＰＬ）」の2つがメインとなっています。

「貸借対照表（ＢＳ）＝法人設立から現在までの成績表」と言えるもので、会社の〝体力〟を表します。一方で「損益計算書（ＰＬ）＝1年限りの通信簿であり、その年の〝黒字・赤字〟を表します。

おそらく会社の経営者としては、その年に儲かったのか儲からなかったのかが気になるもので、決算書では黒字・赤字の判断ができるＰＬにばかり意識がいってしまうものと思われます。

しかし直近1年間の黒字・赤字は、実はそれほど重要ではありません。単価の高い物件を多く落札でき、いつもより利益が多めに出て黒字になっただけかもしれません。たまたま機材の買い替えが重なり、経費が増えて赤字になってしまっただけかもしれません。

つまり、1年間の利益を見ただけでは、その会社の信用力を判断しきれないのです。

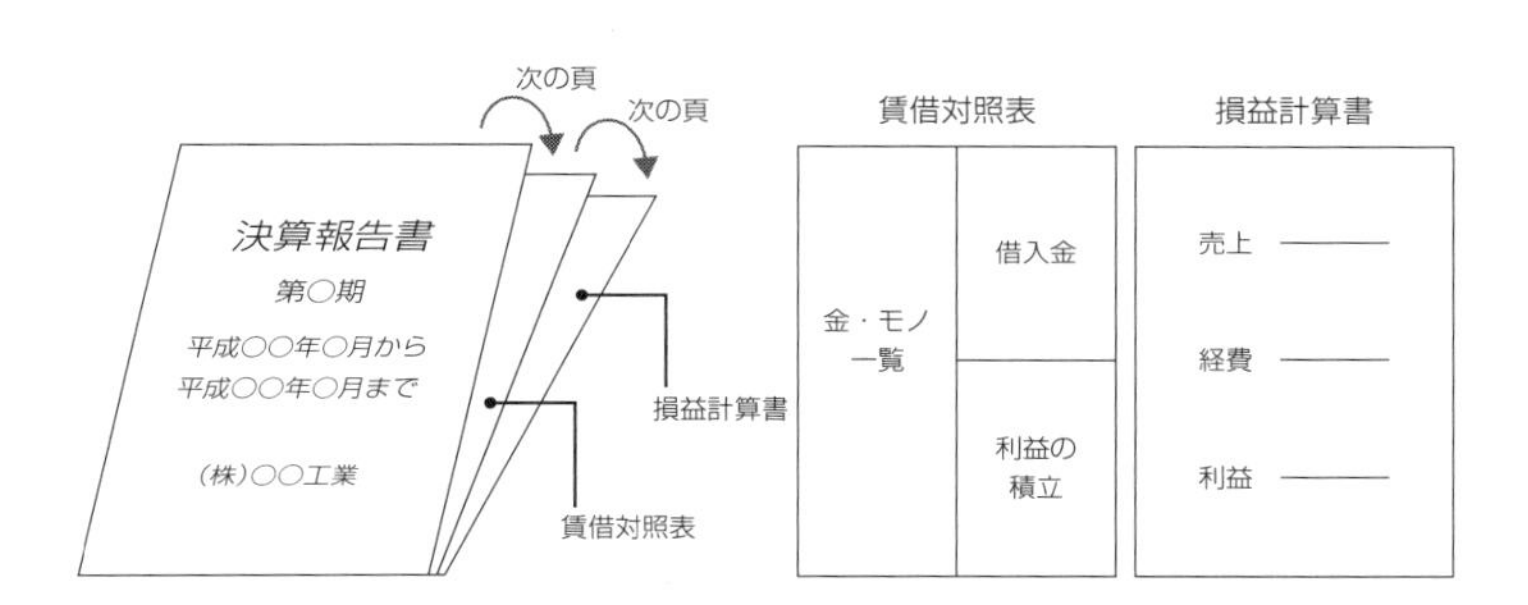

では、信用力はどこで見るのか？

それが、会社の体力を表す貸借対照表（ＢＳ）です。たとえ今年が赤字になっても、ＢＳで体力を積み増していることがわかれば、信用力としてはそれほど心配されるものではないのです。

１３８ページで前述した決算書の良し悪しを決める要素のうち、「黒字・赤字」以外の項目はＰＬではなくＢＳに落とし込まれていて、体力を推し量る重要な数字です。

だから、決算書のなかで特に重視すべきなのはＢＳということになります。より重要だからこそ、上図の通り、１枚目にセットされるのです。

黒字なのに悪いと判断された、とある会社の決算書

ＰＬよりもＢＳを重視すべき、というエピソードを１つ。

ある会社から、「公共工事を落札したのに、契約保証が取れないので受注できない」という相談を受けました。

仕事は順調で、３期連続黒字だということです。だからＰＬには問題なし。しかしＢＳを見たら、契約保証が取れない理由がわかりました。５年前の負の遺産があり、債務超過の状態……。これでは受注が厳しいのも納得です。

５年前にこの会社に仕事を依頼した発注者が倒産してしまい、受注額４０００万円を回収できなくなってしまったとのこと。この年、大赤字を出してしまいました。

これを教訓に翌年からは取引先を慎重に選ぶようになり、黒字を出し続けることができています。ただ、直近４年間の利益は合計で１５００万円。４０００万円の穴を埋めるには、まだ２５００万円が足りないのです。

ＰＬは1年間の通信簿なので毎年更新されますが、ＢＳは法人設立から今まですべての結果が積み重ねられていきます。だからＰＬでは5年前の未回収金がきれいに見えなくなっても、ＢＳでは明らかになってしまいます。そしてこの場合、債務超過になっていました。

債務超過に陥ると、その会社は非常に危険な状態だと判断されます。そのため、ほとんどの保証会社では与信枠を設定すること自体ができません。それで契約保証が取れずに、受注の危機にさらされることになってしまったのです。

落札から5営業日以内という契約保証の期限内で、債務超過を解消するということは大変困難です。まさに八方ふさがりの状態でした。

本当に危ないところだったのですが、このケースでは審査が通りやすい保証会社を必死に探して、なんとか受注することができました。

しかし、これはラッキーだったということに過ぎません。根本的な解決策にはまったくなっていないのです。次にまた公共工事を落札したくても、ＢＳが改善されていなければ与信枠を取ることは難しいでしょう。

黒字であることは、もちろんいいことです。

でも単に黒字を出せばいいのではなく、黒字を続けて会社の資産総額が負債総額を上回るようにすることを目標にしなくてはなりません。もしくはまったく別の方法で、一気に債務超過を脱却しなければなりません。

また、決算書が影響を及ぼす「経審」「民間信用調査会社」「保証会社」「銀行」に対して、毎年数値目標を設定し、それをチェックする体制を作らなくてはいけません。

人も会社も、メタボよりはマッチョであるべき

では、実際にBLに着目してみましょう。

右半分の総資本の欄には、負債と資本とが記されています。負債は、できればそぎ落としたい脂肪のようなもので、資本はできるだけ鍛えたい筋肉のようなものと考えてください。

負債が多いBSはブヨブヨの重たい体——人でいうとメタボ状態で、高血圧やら糖尿病やら心筋梗塞の危険がいっぱい！　膝に負担がかかって関節症になることもあるし、なかなか健康ではいられません。

一方、資本が多いBSは、質が良くムダのない筋肉のおかげで基礎代謝が上がり、ボディメ

イクもバッチリ。何より体力がつきます。

138ページで良い決算書の条件を6つ挙げましたが、「黒字が続いている」以外の「自己資本比率が高い」「借入金が少ない」「固定資産が少ない」「現金が多い」「資本金が多い」の5つは、どれもBSのなかの筋肉にあたります。

BSは会社の体力を表すと言いました。だから、筋肉質になりたいですよね。しかし中小企業の建設業は、気をつけないとブヨブヨになりやすいのです。

好調な時期があっても、不況の風が吹けば負債が膨らみ、潰れる、もしくは青息吐息の会社がどんどん出てくるのが建設業。

負債が膨らみやすいのは、まずは人がいないと成立しない業態で、人件費が多くかかるからです。また車や建機、重機などのモノにかかる費用が大きく、どうしても原価が高くつきます。

工期が長くなれば現金の回転も悪く(他の業種の約2倍)、どうしても銀行借入が大きくなります。それは資金繰りの苦労につながります。

銀行を頼らざるを得ない立場では、銀行から勧められた土地や建物を買ってしまうこともあり、固定資産が年々増えていく(実は、銀行の勧めに従うべきというのは、大きな勘違いなのですが)。

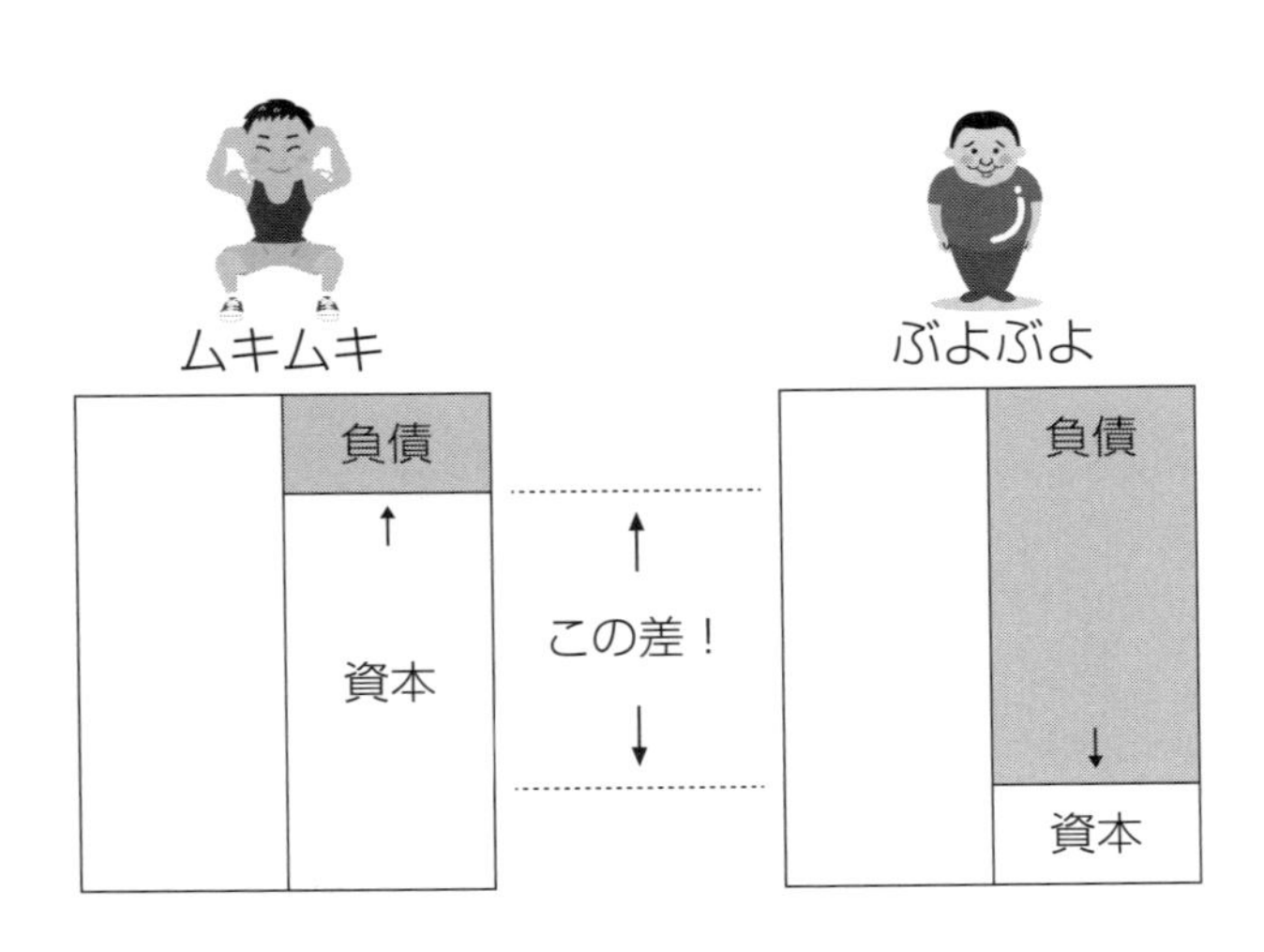

利益率も高くないので、繰越利益の積み増しを急にしようと思っても急には難しい。事故と隣り合わせの仕事だから、想定外の大きな出費も発生する。それを補うために、保険料もほかの業種に比べて高くなってしまう……。

ザッと考えただけでも、これだけ不安材料が出てきます。日頃からよほど気をつけていないと、理想のムキムキの体――マッチョな決算書にするのは大変なのです。

とにかく、決算書を「結果」として捉えているうちは、なかなか理想通りにはなりません。

公共工事を受注する会社として、非常に重要な決算書。「仕事をがんばったら、いい決算書になった」というのではなく、もっとアグレッシブに「いい決算書を作るためにがんばる」方向へ意識を向けてください。決算書は「作っていくもの」と捉えて、理想に向けてのできる限りの対策を取りましょう。

決算書をスリム化させる4つの計画案

では、具体的にはどうすればいいのでしょうか。

まずは貸借対照表の負債部分をギューッと縮めるために、次のような計画案が考えられます。

①工事完成未収金、工事未払い金をなるべく減らす

未収金については「あとでもいいですよ」などとカッコつけず、回収するのは当然のこと。

買掛金も減らしましょう。

②固定資産を減らす。売却する

土地・建物・重機車両は、リースに変更。

③銀行借入を返す

「返せない！」と思うかもしれませんが、とにかく決算のときに借入が減っていればいいのです。必要ならば決算が終わってから、すぐに借り直してください。

④保険金積立金を減らす

資産計上・半分損金の保険を解約します。または、全額損金の保険に変更しましょう。

このような対策を、毎年決算の前にできる範囲で実行してください。これらのことをする、しないで、必ず大きな違いが生まれます。

対策ができた会社は、

・経審の評点が上がる！

・保証会社の与信枠が広がる！
・民間信用調査会社の点数が上がる！

という3つのご褒美を手にすることができるのです。

BSのプロテインこと「増資」でさらに健康体のBSへ

筋肉を鍛えている人は、牛乳やプロテインでさらなる強化を図ることが多いですよね。では
BSの筋肉にとって、牛乳やプロテインとなるものは何でしょうか。
それが増資です。

社長にお金がなければできない？　その通りです。
新株の発行といった方法もありますが、私が提案したいのは「目標数値を設定して増資する」ことです。そのためには、単純に社長個人のお金を会社の資本にくり入れるのが簡単な方

法になります。

会社の状況によって、どのぐらい増資すればいいのかが違ってきます。それは、事業計画での目標設定によるのです。

どのぐらいの金額を増資すれば、目標を実現できるのか。それを把握すれば増資の目標数値がわかります。そのあたりの計画性がなく、結局は目標を実現できずに「あと100万円上乗せしておけば良かった！」とあとから思っても意味がありません。

これまでに何度か、「決算が終わったあとに事業計画の段階で翌年の売上額を決めてしまう」と目標設定をすることの大切さをお伝えしてきました。この、増資の目標数値の設定も同じです。結局はすべて、初めに具体的な事業計画を立てて目標を決めてしまうことに意味があります。

そうした目標を包括的に実現へと導くのが決算書です。期初に「どのような決算書に仕上げるか」を設定して、それに向かって行動していけば諸々の目標をクリアしていけるのです。

次の第6章では、決算書をあらかじめ設定をするということについてもう少し詳しく語ります。

第6章

決算前に
決算書を作りにいく！

目標は、期初にすべてを数値化して行動指針にする

会社をしっかり経営していくためには、目の前に来た仕事をこなすような行き当たりばったりのやり方ではダメですよね。

やはり、大切なのは計画です。

「もちろん計画は立てる！」という会社がほとんどだと思います。

しかし、私が推奨したいのは単なる机上の事業計画ではありません。

計画を具体的な数値目標にまで落とし込み、それを実現するためにはどうしたらいいのかという行動目標を、これもまた具体的にしなくてはならないということです。

まずは自分の会社がどのような会社になりたいのか、という視点が必要なのです。そしてそのような会社になるためには、どういう仕事をしていくのか。そこから逆算していきましょう。

この本は公共工事を受注する会社のために書いているので、例としては公共工事に焦点を当ててみます。

たとえば「世のなかに貢献できる、信頼性の高い会社になりたい」という目標を立てたとします。そのための仕事としては、「公共工事を中心に受注していこう」ということになります。これまでも公共工事をやってきた場合は、「もっと受注し、5億円の売上を上げよう」となると思います。

次に、公共工事を受注するための入札資格を考えたときには、第3章で説明してきた通りランクが非常に重要になりますよね。そこで目指すべきは、次の2つのことです。

・格付けコントロール
・特定建設業の許可取得

格付けコントロールについては、第3章で詳しく述べました。

格付けをランクアップしたい。あるいはランク維持したい。そのために具体的な売上目標を立てる必要が出てくるのです。

たとえば売上目標を5億円に設定したら、そのための行動目標を「単価1億円の物件を3本、8000万円の物件を1本、4000万円の物件を3本受注する」というように、具体的に決めましょう。

特定建設業の許可取得についてはこのあとで説明しますが、資本金の額が許可の要件に設定されているため、足りなければその分だけ増資しなくてはなりません。

これを期初の段階で決めます。必ず決めます！

そして、目標設定に対して実際の行動で追いついていく。期初に決めた目標に向けて1年間を過ごすようにしないと、いつまでも成長できません。

具体的な目標設定はしていないけれど、ただ一生懸命にがんばったら5年で結果が出たということもあるでしょう。でも、もし具体的な目標に向かってがんばったら、2年で結果が出ます。

状況に応じてあとから対処する場合と、具体的目標値があって期初からそれをチェックしながら仕事をする場合では、成長率がまったく違うのです。それを私は経験から確信しています。目標を立てて追いつく、そしてまた目標を立てて追いつく、という意識をぜひ持ってください。

「資金的に安定している会社」と見なされるためには？

前頁の特定建設業の許可とは、建設業界の方ならよくご存じかとは思いますが、簡単に言えば「単価の高い工事を受注できるようになる」ための許可です。

国土交通省では、「発注者から直接請け負った1件の工事代金について、4000万円（建築工事業の場合は6000万円）以上となる下請契約を締結する場合」に、特定建設業の許可が必要だとしています。

つまり許可を取れば、自社が元請となって下請けに外注に出す場合、外注金額を4000万円（建築工事は6000万円）以上にできるということです。下請の外注金額を高く設定できるということは、大きな工事物件を受注できるということにつながります。

許可要件には専任技術者の指定などがありますが、ここで言及したいのは資本金についてです。

「資本金の額が2000万円以上であり、かつ、自己資本の額が4000万円以上であること」が求められています。特定建設業の許可を取得したかったら、この自己資本金をクリアしなければならないのです。

特定建設業の許可を持っていると、「4000万円以上の自己資本金をクリアした、資金的に安定している会社」と見なされます。

第3章でお伝えした「格付けコントロール」も含めて、これらの数値目標は、結局は決算書に集約されていくもの。つまり期末には、期初に立てた目標が反映された「理想の決算書」に少しでも近づいた決算書が作成されるようにしなくてはならないのです。

目標を意識的に達成する意識が、会社の将来を変える

当初の計画通りにうまく仕事が運ぶのならば、何も言うことはありません。でもそんなことは、まずあるわけがないです。必ず、どこかしらを修正する必要が出てきます。

その最後の修正のタイミングが、決算の3カ月前です。それより前ではまだ数字が出揃っていないし、あとでは対策を打つ時間が足りなくなります。リアルに調整できる最後のチャンスが1年の4分の3が過ぎた頃、つまり決算3カ月前なのです。

実際に私がクライアントでは、毎月数字を確認して「うまくいっていること」「うまくいっていないこと」の共有をします。そのうえで、年4回の面談コンサルティングを行います。

たとえば3月決算の会社だとすると、

4月：目標設定。現状との差から対策を導く。

6月：スタートが切れているかどうかの行動確認。対策が効果的かをチェックし、必要なら

改善策を打つ。

9月：進捗確認と半年後の決算目標達成へ向けての加速。来期への展望・予測。

12月：目標への落とし込みのため応急処方として、対応策が限られているなかでできる限りのことをする。来期の目標イメージを立てる。

最後のコンサルティングで、これまでの試算表を参考にしながら改善点を探っていきます。

もしもメタボになっていたら、3カ月の間にそぎ落とさなくてはなりません。もう運動でじっくりダイエットをする余裕はありません。短い間で受注を伸ばすとか、人員を増やして戦力アップするといったことをするのは無理だということです。

ここで必要なのは、外科的手術！

ゆるやかな変化ではなく、思い切った方法で改善を図ります。具体的な改善策は第5章で述べている計5つです。もう一度おさらいしておきましょう。

①工事完成未収金、工事未払い金をなるべく減らす

②固定資産（土地・建物・車・重機等）を減らす。売却する

③銀行借入を返す

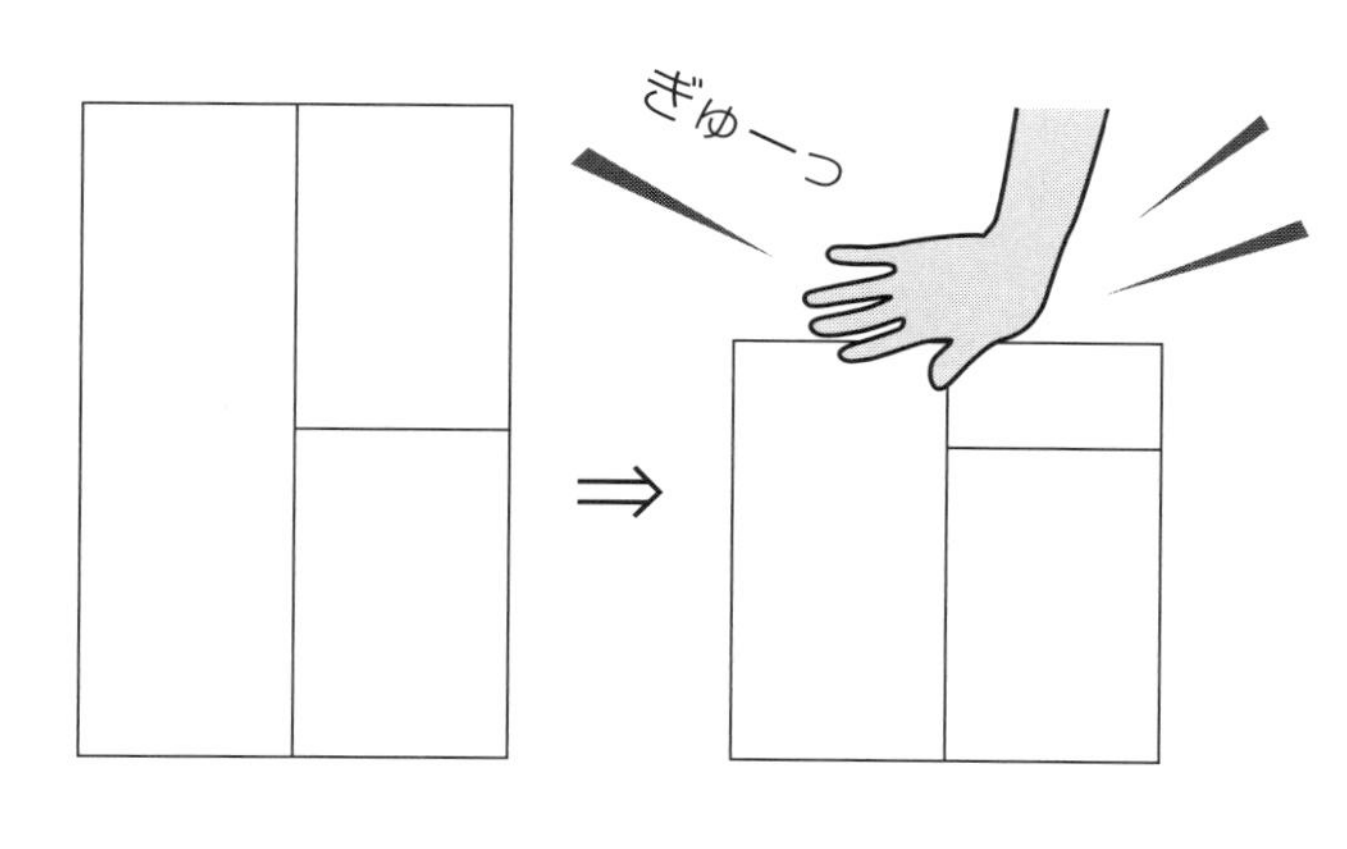

④保険金積立金を減らす
⑤増資

①〜④は、決算書の負債部分をギューッと縮めるための対策でしたね。⑤の増資は、特定建設業の許可取得に絡んで取るべき対策です。決算3カ月前に、自己資本金4000万円という許可取得要件に達していなかったら、足りない分だけ増資しなければなりません。

このタイミングできちんと精査して金額を割り出さないと、「あと100万円上乗せしておけば良かったのに」と後悔することになるかもしれません。

できることとできないことを精査し、特に貸借対照表（BS）に注視して、すみやかにできることに手を付けていきます。３カ月前のこの時期を逃すと、良い決算書を仕上げることができません。

決算書は思い切り経審に響きますし、経審の申請は基本的に年に一度だけ（随意登録もあり）。期初に１年後を見据えて準備を始めたはずなのに、一度登録すると基本ランクは２年間維持するので、下手をすれば次の経審まで２年も対策の効果を上げることができないということになります。

決算前の対策など、何もやっていないという会社がほとんどです。

一部の会社では、思ったよりも儲かったので税金の繰り延べ対策をしたり、車やゴルフ会員権を買ったり、社員旅行に行ったりしています。法人税対策です。

しかし、本当はここでモノを購入してはいけないのです。固定資産を増やすのは、メタボな会社になろうとするのと同義です。

また税金の繰り延べ対策で保険に加入するのであれば、ＢＳの資産に計上する必要のない全額損金の保険にしなくてはならないのに、何も考えずに資産計上や半分損金のものに入ってしまうこともあります。

決算前の対策の重要性を理解していない会社がほとんどだからこそ、あなたの会社だけは対策しておきましょう。

決算書の数字は、決して「仕事の結果」ではないのです。

あらかじめ目標を決めておいて、それに近づけるように作っていくもの。毎月毎年、必ず意識的に作りにいく！

この意識こそが、会社の将来を大きく変えていきます。

第7章

公共工事で銀行との付き合い方も変わる！

公共工事は、お金を借りるのも払うのも敷居が低い

これまでにも「建設業は他業種に比べると、とてもお金がかかる」ということをお話してきました。

人材が必要、資材が必要、機材が必要、時間も必要。大変なコストをかけて仕事を完遂するわけですから、手元にある程度のお金が常になければ、仕事が回っていかなくなります。いつどうやって現金を調達するか、また支払いのタイミングをどうするか、ということが非常に大事になってきます。

1000万や2000万なら、個人的に回せないことはない額かもしれませんが、商売を広げていくなら、もっと大きなお金が動くことになります。受注金額が高くなれば工期も長くなるので、長いスパンでお金を回すことを考えなくてはなりません。

結局、会社を成長させたいのなら、銀行に対する信用を高めてうまく付き合っていかなければならない。銀行からどうお金を引っ張ってきてどう返済していくか。それを知らなければ、

お金を自社に残していくのと同時に、従業員や下請に対して滞りなく支払うことが難しくなります。

ここで公共工事を請け負っていると、お金を借りるのも払うのも有利になります。これが公共工事の利点です。

どんな利点があるのか、まずは銀行融資から説明していきます。

公共工事の信用が銀行へ及ぼす４つの好影響

公共工事は税金によって施工されるものですから、取りっパグれがありません。だから信用される！　これは、銀行から融資を受ける際にも最大の武器となります。

融資相談をするときには、公共工事の請負契約書など証明となるものを提出すれば、信用によって様々なメリットがあることでしょう。

ここでは４つの好影響を挙げます。

①金利を下げてもらえる

借りたお金は返すのがあたり前。だから金利は安いに越したことはありません。

②短期融資を長期融資に変えてもらえる

信用がなければ長期融資の審査に通りません。長期融資のほうが安定的な資金となります。

③融資限度額を引き上げてもらえる

実際に借りるかどうかは別として、借りられる状態にしておくのはいいことです。

④工事完成後に支払われる予定金額と同額の融資を受けられる

たとえば1億円の物件を受注したら、まず前受金で4000万円を手にできます。しかしもう少し資金が必要だという場合に、竣工後に残りの6000万円が回収できることに対して信用があるので、同額の6000万円の融資を受けやすくなります。

このような好影響は、民間工事ではありません。公共工事だからこそ、と考えてください。民間工事と違って発注者に対する不安がないのですから。

民間工事で同じだけの信用を得るには、銀行が発注者の信用を審査する必要がありますが、銀行がそんな時間を取ってくれることは極めて稀です。発注者が民間の会社であるより、国や地方公共団体のほうが信用力は高いので、公共工事は資金繰りに有利です。

メガバンクと地元の地銀。銀行はどちらで選ぶべきか？

公共工事が信用力を高めることはわかりましたが、その信用力を強化してより銀行との関係性を深めるには、それなりの付き合い方があります。

銀行との戦略的な付き合い方について、お伝えしましょう。

銀行は「運転資金を調達するためには銀行が必須だから、とりあえずどこかの銀行とつながっておこう」という程度の存在ではありません。

資金繰りが重要な建設業にとっては、銀行との信頼関係を構築していくことがとても大切なのです。

まず考えるべきは、取引銀行を1行・1社だけではなく複数にすることです。1行だけではリスクがあります。

融資担当者が異動して変わったら、方針が変わって急に融資が受けられなくなる可能性があります。また、その銀行がもし倒産してしまったら大打撃を受けてしまいますね。

だから、取引銀行の数を増やしましょう。

そして取引相手として、間違っても大手銀行を選ばないこと。

大手銀行＝メガバンクは100億や1000億という売上高の企業をクライアントとしています。そんなところに売上10億円くらいの企業が取引をしようと働きかけても、きめ細かいフォローは期待できません。

メガバンクよりもむしろ地域密着の**第二地方銀行、信用金庫、信用組合（これらの金融機関**

を**「地域密着系金融機関」と呼びます）**をターゲットにし、会社のある地域内でいい関係を築いていくようにしてください。これらの金融機関は地域の情報も持っているので、うまく付き合えば得るものも大きいはずです。

もしも今の取引銀行がメガバンクや地銀なら第二地銀に、第二地銀なら信金に……というように、取引銀行を増やす際には別のカテゴリーから選びましょう。

これは、特徴の異なる金融機関と複数つながったほうが、融資の可能性が高くなるからです。

ちなみに、第二地銀は地銀とは別です。地銀よりも、第二地銀が狙い目です。Ｗｅｂで地銀と第二地銀との違いや、それぞれどのような銀行があるのかを確認できますので、第二地銀にぜひコンタクトを取ってください。

地域密着の金融機関に、公共工事を受注していることをしっかりとアピールしてください。

具体的には、次のように行動するとスムーズです。

まずは金融機関を訪ねて支店長へ挨拶に行き、それから定期積立の口座を作ります。

普通預金の口座よりも定期積立の口座を作ったほうが、金融機関はあなたを「お客さま」として認識してくれます。地場の金融機関で定期積立口座を持っているお客さまは限られているので、持っていれば融資の際は何かと有利です。

創業年、決算書がまったく同じ会社であったとしても、戦略によって融資額が3倍、5倍と変わっていきます。そうなるためには、融資担当者とのパイプがモノを言います。

融資担当者へは、小まめに、誠実に対応すべし

定期積立の口座を作ったら、次に融資担当者にご紹介いただけるようお願いしましょう。そして毎月、欠かさずに試算表と事業計画を銀行の融資担当者に提出するようにします。相手に伝えるべきは、

・その月の売上・売掛・買掛・経費・利益・手元キャッシュの数字データ
・問題点、課題、改善策
・翌月の計画

といったところです。

前章で、「計画を立て、先に目標数値を決めてから行動して追いつく」という考え方を徹底するという話をしましたが、それは銀行に対する姿勢としても大切なものです。「たまたま儲かった」というような利益の上げ方ではダメで、しっかりとした計画性があるということを伝えましょう。

毎月それを続けていき、ネガティブ情報があるときにも隠さず報告してください。経営には不安定要素もあるということは、先方は百も承知です。

それをマイナスに捉えるよりも、すぐに報告して改善する会社だということで、信頼は深まります。

すると報告するときに、一緒に相談もできるようになってきます。たとえば「半年後にこのような計画があるので、その際にはご融資のご検討をいただきたいのですが」という具合です。いきなり「貸してください」はダメです。まずは関係構築をし、そのあとで融資の話をしましょう。

とにかく毎月、計画と結果報告を誠実に。銀行との信頼関係を構築していくことは、資金繰りが大切な建設業にとっては重要なミッションです。

「減点主義」への対応力を身につけよう

これまで多くの建設会社のコンサルティングをやりながら気がついたことですが、建設業界の人たちは、銀行との付き合いに苦手意識を持っているようです。

そもそも価値観が違うからでしょうか。

建設業界はいわゆる「ガテン系」というか、「根性でがんばるぞ！」「気持ちが大事！」という世界だと思います。

しかし、金融業界はまったく違います。ひと言で言えば「減点主義」で、報告がないとか書類が揃わないということを嫌います。どんなにやる気を見せても、必要な数字がなければダメ。カタブツでやりにくいと感じても、仕方ないかもしれません。ただ仕事内容を考えれば、そのような対応になるのは仕方ないとも言えますね。

どちらが良い・悪い、といった問題ではありません。銀行とうまく付き合うことが非常に大事であるという事実があるだけです。

それならば銀行の価値観を認めて、そこで評価されるようにしなくてはいけない。単純に、自社の利益のためにちょっと考え方を柔軟にしましょう、ということなのです。

そうした意識改革は、初めのうちは少し抵抗があるかもしれません。

しかしそれができるようになるだけで銀行との関係はグッと良くなり、お互いがお互いのためになる協力体制を強固にしていけるのです。

もう1つ、銀行との付き合い方で意識しておくべきことは、「個人ではなく支店と付き合う」ことです。

あなたの会社に信金の営業担当者がつくとします。融資をお願いし、審査に通ったとします。この担当の方とはパイプができた、と感じたとします。

それで安心でしょうか？　それではダメなのです。他に支店長や融資役席とのパイプを作る必要があります。また銀行マンは転勤があり、銀行の人事異動がある度に人が変わっていきます。

前の人とは信頼関係ができていても、次の人がどんな人なのかわかりません。それでも、支店長・融資役席（支店の融資責任者）・営業担当者、どの役割の人が転勤して変わっても、必ず関係構築はしていかなくてはなりません。

あなたの会社は、個人ではなく支店と付き合っているのです。会社と支店との関係構築が大切。特定の人としかつながっていないのは危険です。


体質に話を戻しますが、銀行だけでなく、公共工事の発注者となる国や都道府県、公共団体も同じような体質です。「官」の考え方と言えばいいでしょうか。やはり「公務員はおカタイね」という世間の風潮と重なるものがあります。

銀行と同じように書類商売で、転勤もあります。「その仕事場にいる間は、つつがなく仕事をする」ことを目標にしている人たちです。

しかし、自分たちとは違う体質・考え方の人たちであっても、こちらが欲しいものを与えてくれるのならば、そちら側の立場に立って考えてみましょう。我を通しても、「理解できない！」とイライラしても、いいことはありません。

公共工事を受注したいのであれば、この意識改革が重要な意味を持つということにぜひ気づいてください。

銀行側の困り事「事業性評価融資」を活用して融資を受けよ

ここ数年、金融庁は銀行に対して「事業性評価融資」を推進しています。

一般的に融資の際は、決算書の内容や保証・担保などで降りるかどうかが判断されます。しかし事業性評価融資は、企業の事業内容や成長の可能性なども評価して貸し出す制度です。企業にとっては、一般の融資よりも受けやすくなるメリットがあります。

銀行側にとっては、これまで成長力はあるものの、その時点での決算書の内容があまり良くないために融資できなかった企業に対して、融資をしやすくなります。結果、日本経済や地域経済の活性促進を期待できるようになります。

企業にとっても銀行にとってもメリットのあるこの制度ですが、1つ、銀行が大きく困っていることがあります。

それは「融資先が見つからないこと」です。

銀行としては、事業性評価融資は国の方針なので実行しなければなりません。旗振り役である金融庁に対して、銀行は事業性評価融資の件数融資額を報告するよう指導されています。

しかし、銀行自らが事業性評価融資の対象企業を探すことは時間的にもマンパワー的も足りないため、困難なのが現状です。正直なところ、銀行は金融庁の顔色を伺いながら融資先を見つけられずに困っています。

貸したい人がいるのに、貸す相手が見つからずに困っている。

これはチャンスです。企業側からうまくアピールすれば、融資してもらえる可能性がグッと高くなるのです。

こちらからアピールすれば、銀行側も助かります。躊躇せずに足を運びましょう。

その際に、銀行が事業性を評価する情報となるのが、次の3つです。

・経営者の経営能力や経営理念、経営ビジョン
・決算書には表れない企業の強み（優秀な人材・ノウハウ・技術・顧客資産・優良な仕入先・社外ネットワークなど）
・今後の事業展開の計画

決算書には表れない企業の強みのことを「知的資産」と言います。

自社の知的資産について洗い出しを行い、知的資産の活用について記載した「知的資産経営報告書」を作成することは、事業計画書の作成や金融機関への自社の説明において非常に有効なのです。

以下の項目を記載した事業計画書を作成し、銀行から融資を受けられるように働きかけてみませんか？

・経営理念や経営ビジョン
・事業概要、沿革、実績
・自社の強みや課題
・外部環境分析（市場・顧客のニーズ、競合の状況）
・今後の経営方針
・具体的な行動計画
・数値計画（損益計画・投資計画・資金計画）

融資以外で銀行と付き合うメリットとは？

ここまで銀行融資について述べてきました。

でもちょっと思い出してみてください。良い決算書の条件の1つに「借入金が少ない」があります。借入は負債ですので、メタボへの近道になってしまいますね。

借入は0でなければいけない、ということではありません。当然ながら、運転資金が必要なときには、ここまでの融資の話を参考にして借りてください。一度借りて期日までに返済が滞りなく返せた実績がないと、融資額が増えないのも事実です。

ただ、脂肪が増えると贅肉になり、決算書としては公共工事にとっていいことはありません。あまり借入金を増やさず、必要なときだけ融資を受ける。それなら銀行と付き合う意味があまりないと思いますか？

いいえ、融資以外にも銀行に助けてもらえることはあります。それは、保証枠の設定です。そして、落札した工事に必要な契約保証をしてもらうのです。このためにこそ、公共工事では銀行との協力体制が大切なのです。

実は契約保証ができる機関は、東日本建設業保証株式会社や西日本建設業保証株式会社や保険会社だけではありません。銀行・信金等の金融機関でも設定してもらえます。

これらすべてから複数の与信枠を手に入れるほうが有利なのですが、特に金融機関には積極的に設定してもらってください。

契約保証に、一般的には履行保証を出しますね。その際に考えられるのは、2つの方法です。

①東西日本建設保証株式会社に保証料を払って用意する
②保険会社に保険料を払って用意する

あるいは保証の条件で供託金も可になっている場合は、次のいずれかの方法で支払うのではないでしょうか。

③手持ちの現金で払う
④金融機関からの借入金で払う

実は①②の履行保証と同様に、金融機関でも保証してもらえることをご存知ですか？　金融機関での保証が一番いいということも、ご存知でしたか？

金融機関での保証は、履行保証ではなく「支払証明」と言います。①②は保証料や保険料がかかりますが。支払証明ならかかりません。かかる場合もあるのですが、①②に比べればずっと安く済みます。

供託金に注目してみると、工事が終われば全額が戻ってきますので、③は資金繰りにまったく影響がなければ問題ありませんが、④は避けてもらいたい方法です。借入は少ないほうがいいのですから（公共工事は取りっパグれがなく、借りやすいのですが）。

供託金が認められる物件は多くはありませんので、③④を選択する機会は少ないと思います。支払証明での保証をもっと検討すべきです。これまでのところ、ほとんど使われていないのが実情ですが、それは認知されていないから。知ったからには、ぜひ銀行で与信枠を設定してもらいましょう。

通常、新規取引であれば、1000万円の与信枠を作ってもらうには1000万円の預金が必要です。同額の預金があれば、銀行にとってリスクがまったくありません。

しかし融資の場合と同様に銀行との付き合いを深め、「半年後に与信枠の設定をご検討いただけませんか？」とお願いしておけば、それだけの預金がなくても設定してもらえる可能性は大です。より良い条件を継続的に引き出してください。

万が一、半年後に与信枠の設定を断られてしまったら？

その場合は、「今後に活かしたいので、理由をお聞かせください」と必ず説明を求めてください。

遠慮があるのか忘れてしまうのか、このように聞くケースは少ないようですが、問題点を知れば、あとはそれをクリアすれば次は設定してもらえるはずですよね。教えてもらわなければ損です。

銀行系金融機関は、法人に融資できない場合はその理由を説明しなければならないと国から指導されていますから、答えないわけにはいかないのです。

与信設定も融資とほぼ同等に考えられているので、やはり答えてもらえるはずです。

融資にも与信枠設定にも、非常に役立つリアルな知識を増やせる機会だと捉えて、ぜひ教えてもらってください。

公共工事特有の資金調達方法「出来高融資」とは？

銀行との付き合いを大切にしながら、もしも銀行以外からも有利に資金調達できる方法があるのであれば、検討する価値はあります。

おすすめしたいのは、国土交通省が推進している「地域建設業経営強化融資制度」の出来高融資です。ありがたい制度ながら、認知度が低いようで残念です。どんな融資なのでしょうか。

ほとんどの公共工事では、前受金として受注金額の4割があらかじめ支払われます。残り6割弱は、当然ながら工事が終わってからです。

しかし、残りの6割弱もできるだけ早期に現金化できるのです。それが、工事の出来高に応じて融資を受けられる「出来高融資」です。

融資を引き受けるのは、東日本建設業保証株式会社のグループ会社である株式会社建設経営サービス（KKS）です。出来高融資は国土交通省のお墨付きなので、怪しくないですし、KKSも非常に協力的で相談しやすいので安心してください。

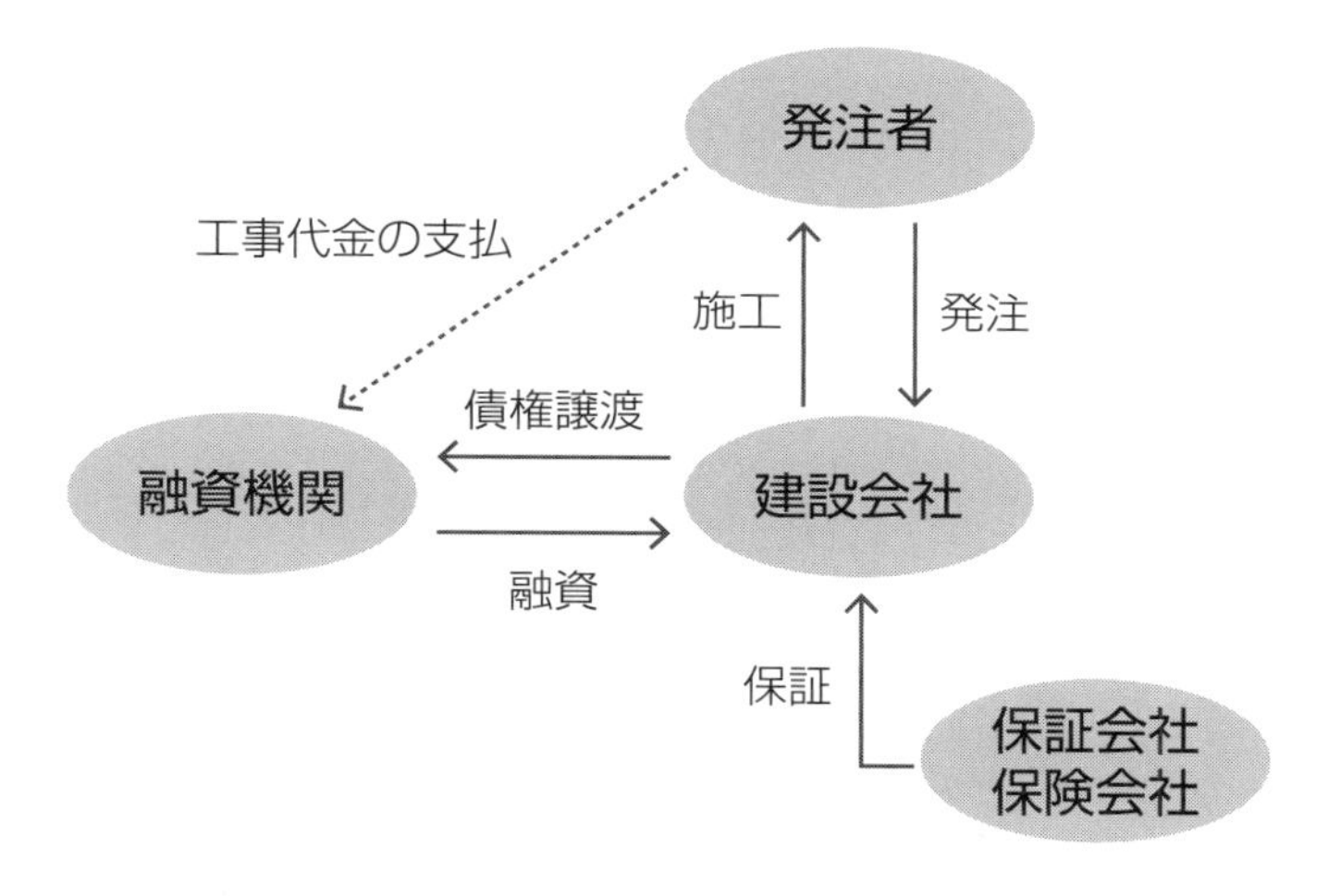

融資を受けるための条件は、次の４つ。

①工事の出来高が５割以上
②公共工事で発注者が債権譲渡を認めていること
③低入札価格調査の対象でないこと
④役務保証でないこと

たとえば１億円の工事を受注したら、前受金で４０００万円はすぐに入金されますが、残り６０００万円は工事終了後に入金予定。でも①によれば、工事が５割完了した時点で、出来高に応じた早期現金化が可能になるのです。

５割完了なら、１億円の５割の５０００万円を入金できるのですが、４０００万円は前受金ですでに受け取っています。ですから、

5000万円（5割分）－4000万円（前受金）＝1000万円

で、1000万円を融資してもらえます。

もしも8割完了していたら、

8000万円（8割分）－4000万円（前受金）＝4000万円

で、4000万円の融資になります。出来高の審査は、KKSの担当者が行います。

発注者が債権譲渡を認めているかどうかについては、発注者への確認が必要になりますが、担当者が知らないということが多々あります。その場合はKKSに確認して、一緒に説明に行ってもらってください。

入札物件探しの段階で、この制度を導入している発注者かどうかを確認しておくのもいいでしょう。たとえ工期が延びて予定期日にお金が入らなかったとしても、慌てずに済みます。

工期が延びてしまって入金の予定がずれることは、経営にとって大きなリスクです。特に資金繰りが重要な建設業では、入金のタイミングが遅くなるだけでも簡単に倒産の危機がやってきます。

そのような事態になっても、公共工事なら出来高融資が救済策となってリスク回避ができるのです。入札前に発注者一覧を確認し、狙って入札することも視野に入れてはどうでしょうか。

※出来高融資制度を採用している発注者一覧
http://www.kks-21.com/financial/finance/user.html

大手建設会社だけが知っている出来高融資のメリットを活用すべし

気をつけたいのは「役務保証でないこと」です。

契約保証を選択する際に「金銭保証」の履行保証と、金銭保証・役務保証の両方をカバーする「履行ボンド（公共工事履行保証）」では、どちらを選んでもそう変わらないような気がしませんか？

しかし契約保証上どちらでも良い場合には、履行保証を選択してください。

履行ボンドを選択すると「役務保証」になるので、出来高融資の制度を活用できなくなってしまいます。

国土交通省はこの制度の周知徹底に努力をしていますが、その成果はまだ表れていないようです。

大手の建設会社はみんな知っていることですが、中小建設会社にはアナウンスが行き渡っていません。知らない会社が多いのが実態です。

せっかくの国の支援制度です。国会であと5年は制度を継続する方針が決定したので、ぜひ使ってみてください。そのあとも続く可能性がありますので、5年先の終了時期には確認してみましょう。

銀行融資と比較してみると、今は銀行金利が安い時代なので、金利だけを見れば銀行のほうがいいのではないか、とも思います。ただし、銀行では借入期間と借入金額の調整をこちらの思い通りにできないことが多いのです。

「300万円を3カ月間借りたい」という希望を伝えても、「それなら1000万円を1年借りてください」と言われて、つい承諾してしまいがちです。銀行はできるだけ貸したいわけですし、お金をコントロールできる銀行に対して、お断りをするということがなかなかできないのでしょう。

流されてこれをやってしまうと、自己資本率が下がって決算書が弱くなります。

ところが出来高融資なら、工事が終われば残りの工事代金がそのまま返済に回されて返済完了です。借入金額が工事代金と相殺されるイメージになります。

これなら借入期間も短くて済みますし、必要以上の金額を借りる必要はありません。

さらに、経審で負債カウントされないという重要ポイントがあります。「負債回転期間」の負債合計金額から控除されることになっており、銀行融資よりも経審の評点は上がります。

経営戦略上、経審を重視している会社なら、これを見逃す手はありません！

支払いのタイミングは下請コントロールでつかめ

ここまで、銀行との付き合い方と資金調達について述べてきました。

本章の最後に、資金繰りでもう1つ重要な「支払い」についてお伝えします。

何度も言うように、建設会社は仕事を回すためにお金を必要とします。だから、お金が入ってきたからといって、それを右から左へどんどん払ってしまってはいけませんよね。

それは充分わかっているはずなのに、計画性を持っていないためについ払ってしまうことがあります。

1億円の工事を受注して2割の利益を取ろうと決めたら、残りの8000万円は外注費などに使える分です。

それを、「どうせ工事が終われば1億円入ってくるから」と手元にないうちから払ってしまう。

あるいは、「工事が終わったら返済できるから」と銀行から1億円の融資を受けてわざわざ負債額を増やしてしまう。

そんなケースをたくさん見てきました。

もっとも支払いのタイミングをコントロールできるのは、下請への支払いです。元請なのですから、それができるはずです。

公共工事では、ありがたいことに前受金が入ります。

ならばまずは「前受金の分しか支払いには回さない」を目指しましょう。そして工事終了後、請負額をすべて回収してから、残りを支払う。

手元の現金を、絶対にマイナスにしてはいけないということなのです。必ず守れば、資金ショートすることは理論上ありません。

第4章の下請コントロールについて書いたところで、下請のランク付けをしたのを覚えていますか？

あのランク付けが、支払いの際には役立ちます。

ランク付けの指標に、「金額と支払い条件」があったと思いますが、このなかの支払いサイトが重要です。

どの会社が、どのぐらい支払いのための猶予期間を与えてくれるのか、よく把握して下請依頼をするようにしましょう。

第8章

帝国データバンクを強い味方にする！

敵か？　味方か？　民間信用調査会社

さて、ここからさらに大事なことをお伝えするので、よく読んで理解・実践していただきたいと思います。

この第8章と次の第9章で語ることは、これまで文章では誰も、どこにも、明らかにしていない情報です。この2章分だけでも、充分に本書を読む価値があります。

これから語ろうとすることを、私は定期的に開催するセミナーではお話してきました。セミナーの出席者はみなさん、「知らなかった」「聞いたことがなかった」「さっそく実践してみたい」という反応です。新鮮な驚きとともに貴重な情報として自分の財産にしていただいているようで、私も嬉しく感じています。

これまでの私のセミナーの出席者以外は、誰も知らないことだと言っても過言ではありません。

どこに視点をおくか。その視点から、公共工事にどう結び付けていくか。それを、第8章・

第9章で初公開します。

まず本章では、帝国データバンクについてお伝えします。

帝国データバンクや東京商工リサーチなどのいわゆる民間信用調査会社から、「企業調査の依頼がきているので、御社を調査させていただきたい」とアポイントメントを求める電話がかかってきたことはありませんか？

さらにそんなときに「調査依頼？　面倒くさいな。忙しいのに、なぜそんなことに付き合わなきゃいけないんだ」と、断ったりしていませんか？

気持ちはわかります。忙しいときに電話をかけてきて、要件は「会社の調査をさせろ」ですから、まるで土足で入ってこられるようで嫌だと思います。しかも調査会社って、銀行さんや公務員さんと同じような、カタブツではないか……？

おそらく、どういう会社なのかわからないからうさん臭いと感じられてしまうのだと思います。

そこでこの章では、帝国データバンクや東京商工リサーチなどの民間信用調査会社とは、いったいどんな会社なのか、自分の会社にとってどのような存在になり得るか、それを明らかにしていきます。

きちんと知れば、決して敵ではないことがわかります。そして実は、彼らは煙たがるよりも味方にすべき存在なのです！

そもそも民間信用調査会社とは何か？

帝国データバンクと東京商工リサーチ。この2社は民間信用調査会社のトップ2です。特に帝国データバンクは、信用調査業界のシェア60パーセントを誇ります。

そもそも民間信用調査会社とは、どのような会社なのでしょうか。

一言で言うと、彼らは企業を調査し、その情報を販売する会社です。

企業活動は単体ではできませんので、必ず取引先が関わってきますね。その取引先が信用できる相手なのかどうかは、自社の経営安定や成長の面からも大きなポイントになります。

あるいは業界内での地位向上を目指したときに、同業他社の動向が気になりますよね。敵を知って、戦略を立てる必要があります。

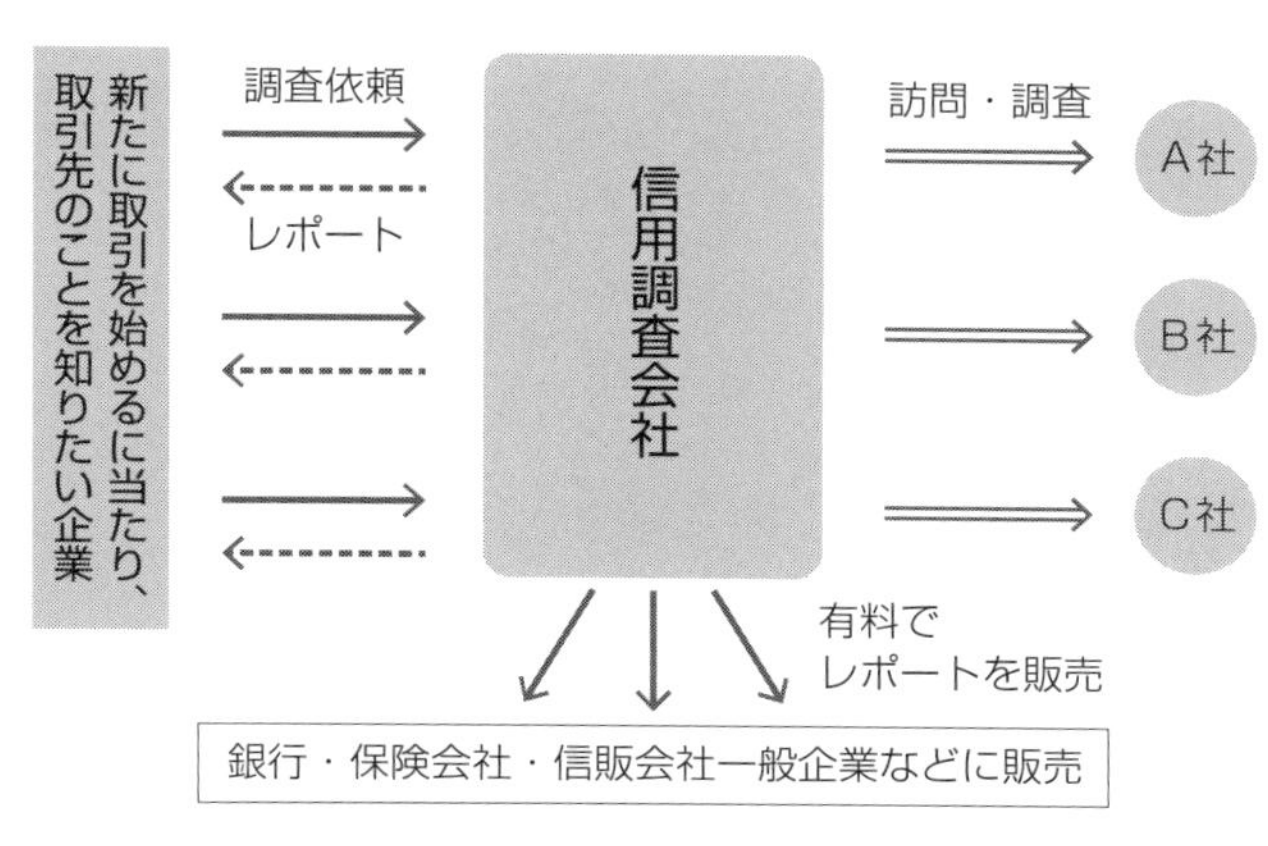

信用調査会社の信用調査の流れ

こうしたニーズに応えるのが、民間信用調査会社です。「あの会社を調べて欲しい」という依頼を受けて、その会社の経営内容を調査します。

調査のプロとして実際に対象企業に赴き、これまでに蓄積してきたノウハウで情報を分析し、経営状態や財務内容、将来性などをレポートにまとめ、点数を付けて評価するわけです。

このとき、調査対象の会社は、**「どこからの調査依頼なのか」「自社がどのように評価されたか」ということを知ることができません。**しかし調査レポートはでき上がり、あなたの会社のことを知りたがっている会社の手に渡るのです。

そしてこのレポートは、調査を依頼した会社だけが目にするわけではありません。販売されるため、他の会社も購入して見ることができます。金融機関は決算などに基づく評価点を含めた法人情報を毎年大量に購入し、独自にデータベース化しています。

もちろん民間信用調査会社自身も、集めた情報をデータベース化しています。

帝国データバンクの場合、データベースは『COSMOS2』というサービスになっており、欲しい情報があれば有料で抽出することもできます。こちらのほうがレポートの購入よりも料金も安く手軽ですが、もっと詳しく知りたいのならレポートを購入することになります。

ある会社について、どの程度の情報が欲しいのか。それによって、データベースから探したり調査依頼をしたり、調査レポートを購入したりできるのです。

さらに帝国データバンクは、販売しないもっと詳細な情報も蓄積しています。

民間信用調査会社を邪険に扱う会社は大損する

突然「会いたい」と言ってきて、会社の情報を根掘り葉掘り聞いてくる。確かに帝国データバンクってうんざりしますね。アポイントメントの段階で断る、という会社も少なくないようです。

しかし民間信用調査会社による自社の評価を、取引先や金融機関はお金を払って見ています。そして、「なるほど、こういう会社なのか」と判断されてしまうのです。

訪問を断っても、いいことなど何もありません。相手はたとえ訪問調査ができなくても、依頼があればレポート作成をしなくてはなりませんから、「情報の開示を拒否する会社」としてマイナスの評価を受けてしまう。つまり断るのは大損なのです。

断らずに訪問を受けたとしても、ぞんざいな態度でろくに協力しなければ、やはりマイナス評価になるでしょう。決算書を見せるように求められることがよくありますが、こうした要求を拒否して情報開示に協力的でないと判断された場合、何かオープンにできない理由でもあるのではないかと勘ぐられてしまいます。

民間信用調査会社の評価は、おそらくあなたが想像するよりもずっと影響力があります。金融機関も取引先もライバル会社たちも、帝国データバンクのレポートをもとに、あなたの会社の信用力を判断しています。

それなら感じの良い対応でできる限り協力し、少しでも印象アップして点数を高く付けてもらったほうがいいと思いませんか？

民間信用調査会社を活用したら、売上なんと3倍に！

ここで、民間信用調査会社に協力的でなかったために、大変な苦労をした例を1つ。

私のところに相談に来られたYさん。売上4億円ほどの会社の経営者です。公共工事受注のために損保会社1社に10億円の与信枠を設定してもらっていましたが、それでは足りないということでした。

そこで私は、「複数の保険会社と保険契約を行い、それぞれの保険会社に与信枠を設定する」という方法（第9章でより詳しく説明します）で、保険会社3社から与信枠を取って合計13億円にまで金額を上げました。

しかし私には、どうにも納得できませんでした。各社の与信枠が大きく違っていたからです。もともと契約していたA社では10億円。しかし新たに契約した2社は、

B社　2億5000万円

C社　5000万円

と、かなり少ないものだったのです。

しかもC社に至っては、なんとA社の20分の1！

保険会社はそれぞれ独自に審査して与信枠を決めるので、会社ごとにバラつきがあるのはあたり前のことですが、あまりにも違います。

そこで私がC社と交渉し、与信枠を3億円にまで引き上げてもらいました。それでも、10億円と比べれば大変な差があります。

与信枠は15億5000万円となったものの、やはり釈然としません。決算書を見れば、B、C社でももっと与信枠が大きくてもいいはずなのに。

Yさんからいろいろ話を伺ううちに、原因が見えてきました。それが、民間信用調査会社の評価だったのです。

Yさんの会社に、民間信用調査会社から調査依頼が再三来ていたのに、「どうして他人にうちの経営内容を明かさないといけないのか」と考えて、断り続けていたそうです。これがマズかった！

たとえしっかりと経営されている会社でも、根拠がなければ民間信用調査会社は高い評価点

を付けることなどできません。調査自体を拒否されれば、高い評価点の根拠となる良い情報は手に入りません。決算書をはじめとした書類の開示もなく、評価は低くならざるを得なかったのです。銀行と同じ、「減点主義」ですね。

保険会社は、この低評価を参考にして与信枠を低く抑えていたのです。

民間信用調査会社の評価点は、自分では見られないということでしたよね。Yさん自身は調査の意味もわからず断ってしまっていたし、自社が低評価だったことを知る術がなかったために、知らないところで損をしていたということになります。

そこで民間信用調査会社への対応を改善したところ、半年後には与信枠が15億5000万から18億円に広がりました。そのあとも努力を続け、翌年は20億円に、そして次の年は25億円、さらに30億円にとコンスタントに拡大し続けています。

もちろん、それに比例して売上も好調で、たった2年で約3倍に伸びました。ますます成長を遂げているところです。

Yさんの会社は、決算書が良く経審対策も怠りなく、銀行への資金繰り対策もやっていて、資格者の問題もない、そんな優良な会社でした。それでも、民間信用調査会社の点数が低いために売上を上げることができない状態だったのです。

同じように、経営体質に問題はないのに売上が上がらない会社はあるはずです。こうした会社は、**民間信用調査会社への対策をしていないために、躓いている**のです。その結果、会社の成長も望めません。

経審のようにオープンになっている評価ではないため、普通にしていたら、何がいけないのかにずっと気づくことはないでしょう。

これが公共工事の落とし穴です。悲しいかな、落ちていることに大半の会社は気づかないのです。しかし、これを読んだからには大丈夫！　あなたの会社は落とし穴に落ちることのないようにしてください。

たった1点の評価点数で、売上が8倍になる可能性も

このエピソードからもわかる通り、民間信用調査会社にどう評価されるかということが、公共工事を請け負えるか否かの大きなポイントになってくるのです。その会社の与信枠に、ダイレクトに影響するからです。

信用度が低ければ、保証会社・保険会社は保証することができません。すると、たとえ工事を落札しても、契約保証を取れない事態になってしまいます。

自社の評価を見ることができないので、なかなかピンとこないかもしれませんが、与信枠はまさに民間信用調査会社の評価の点数の影響が大きいです。

評価にはいくつかのボーダーラインがあり、そのボーダーラインを1点でも超えると与信枠が2倍、場合によっては8倍に跳ね上がることもあります！

売上規模の可能性が8倍になるなんて、すごいことではありませんか？　それだけ影響力のある数字なのです。

民間信用調査会社は、煙たがらずに味方にせよ

だから、調査を拒否するなんてもってのほか！　いやいや対応するのも良くありません。こちらから良いところを見せなければ、評価は低くなるということを肝に銘じましょう。

逆に考えれば、評価点を上げるのは簡単です。民間信用調査会社に対して、誠実に対応すればいいのです。彼らは会社の良いところを理解すればちゃんと評価してくれて、いわば強力な助っ人にもなり得るわけです。

根掘り葉掘り聞かれれば、楽しいことばかりではないでしょう。それでも、彼らを「会社の売上の可能性を広げてくれる人」と考えて接してはどうでしょうか。

そうすれば、アポイントの電話を邪険に断ることや、決算書の提供を求められて「なぜアンタなんかに見せなきゃいけないんだ」とばかりに理由も聞かずに断るようなことはできないはずです。そんなことをすれば結局、自分の首を絞めることになってしまいます。

経営理念や今後の展望をしっかり伝え、決算書等を求められたら隠すことなく提出しましょう。もし決算書の内容が悪くても、隠し立てするより素直に見せたほうがずっとマシです。改善策でもアピールできれば、さらにいいでしょう。

真摯に受け答えすることが大切です。

民間信用調査会社とはWIN-WINの関係を保て

民間信用調査会社は、調査にやって来るのと同時に営業活動もしていきます。つまり、商品である様々な情報を「買いませんか？」と持ち掛けてくるのです。ライバル会社の調査レポートなど、役に立つ情報は必ずありますから、顧客になるのも方法の1つです。

煙たいと思っていた民間信用調査会社の、まさか顧客になるなんて！　と躊躇するかもしれませんが、銀行と同じように民間信用調査会社とも良い関係を築いておくと自分のためになるのです。

銀行対策のアドバイスをもらってもいいでしょう。会社を〝審査する〟という点で銀行と共通点があるので、よく似た視点で評価しています。だから、どのような決算書であれば評価が上がるのかを聞くと、あくまで一般論としてではあっても、有益な答えをもらえると思います。良い評価を得ている同業他社が、どのようなことに取組んでその評価を得ているのか。それも聞いてみて、教えてもらえればラッキーです。

帝国データバンクも東京商工リサーチも、膨大な情報をたくさんストックしています。業界の動向や社会情勢の変化など、普通では気づかないことも彼らならリアルに感じていることが多いはずです。顧客となってコミュニケーションを密に取るうちに、きっと自社のためになることがあるでしょう。

また、彼らがあらゆる業種の多数の会社を訪問し、あなたのような経営者と直接会って経営の話をしていることを忘れてはなりません。たとえば「こんな会社と事業協力したいな」と思っているときに、うまくマッチングをしてくれる可能性だってあるのです（これは地域密着型の銀行マンも同じです）。

向こうは情報のサービスや商品を買って欲しい。こちらはいろいろな業界事情に詳しい営業マンにアドバイスをもらいたい。これは、いわゆる「ＷＩＮ－ＷＩＮ」の関係です。

このことには、中小建設会社のほとんどの経営者が気づいていません。むしろほとんどは、次のように思っているのです。

- 調査の目的がわからない
- 調査がどのような影響を持っているのか知らない
- そもそも帝国データバンクがどんな会社なのかわからない
- エリートっぽいから、別世界で交流することもない

いつまでもこんな意識から抜け出せなかったら、ものすごく損！
改めて、次のように意識を変えましょう。

- 民間信用調査会社とは、会社の経営理念や経営状況を調べて評価を点数化する会社
- 調査の目的は、調査依頼に応じたり調査情報を販売したりすること
- 民間信用調査会社の評価で、会社の価値が判断されたり、売上が左右されたりする
- 与信枠に関わるから、関係は大あり！

・相手も情報が欲しくて必死！　決して別世界の人間ではないので、良いコミュニケーションを取ってＷＩＮ－ＷＩＮになること

第9章

保険会社選びが公共工事の売上を左右する！

切っても切れない保険会社とのご縁

建設会社ほど、各種保険への加入が必要な業界はありません。事故と隣り合わせで重機の故障もあり、自然災害の影響も受けやすいという、リスクの高い仕事を請け負っているのです。自ずと、様々な損害保険でリスクに備えることになります。自動車保険、賠償責任保険、労災保険、工事保険などなど、多くの保険商品を検討して加入していることでしょう。その保険料だけで年間数百万円とバカにならない金額になりますが、リスクを承知でお金をケチっても意味がありません。保険加入をしないという選択は、はっきり言ってナンセンス。

たとえ掛け捨ての保険料を支払っても、もったいないということは絶対にありません。不測の事態が起きたら、それまでの保険料どころではない莫大な損失を被ることになるのです。それは絶対に避けたいですよね。会社が潰れてしまいます。

このような保険の重要性を理解していない建設会社は少ないと思うので、実際に多くの保険に加入しているはずです。だから、建設会社では保険会社とのご縁は、切っても切れないもの。必ずお付き合いする相手ならば、これもまた銀行や民間信用調査会社と同様に良い関係を築いて、成長の手助けをしてもらってはどうでしょうか。

受注額や売上は保険会社が握っている！

考えたこともないかもしれませんが、実はあなたの会社が公共工事で受注額や売上を伸ばせるか否かは、保険会社にかかっています！　公共工事には契約保証が必要であり、その1つに「履行保証」があるからです。

履行保証には、保険会社の履行保証保険（他に銀行の支払証明と東西日本建設業保証㈱の保証もあります）で対応します。履行保証保険の加入には与信枠を設ける必要があり、与信枠の設定も保険会社が行います。

つまり、与信枠をどれだけ拡大できるか、履行保証保険に加入できるかどうかは、保険会社

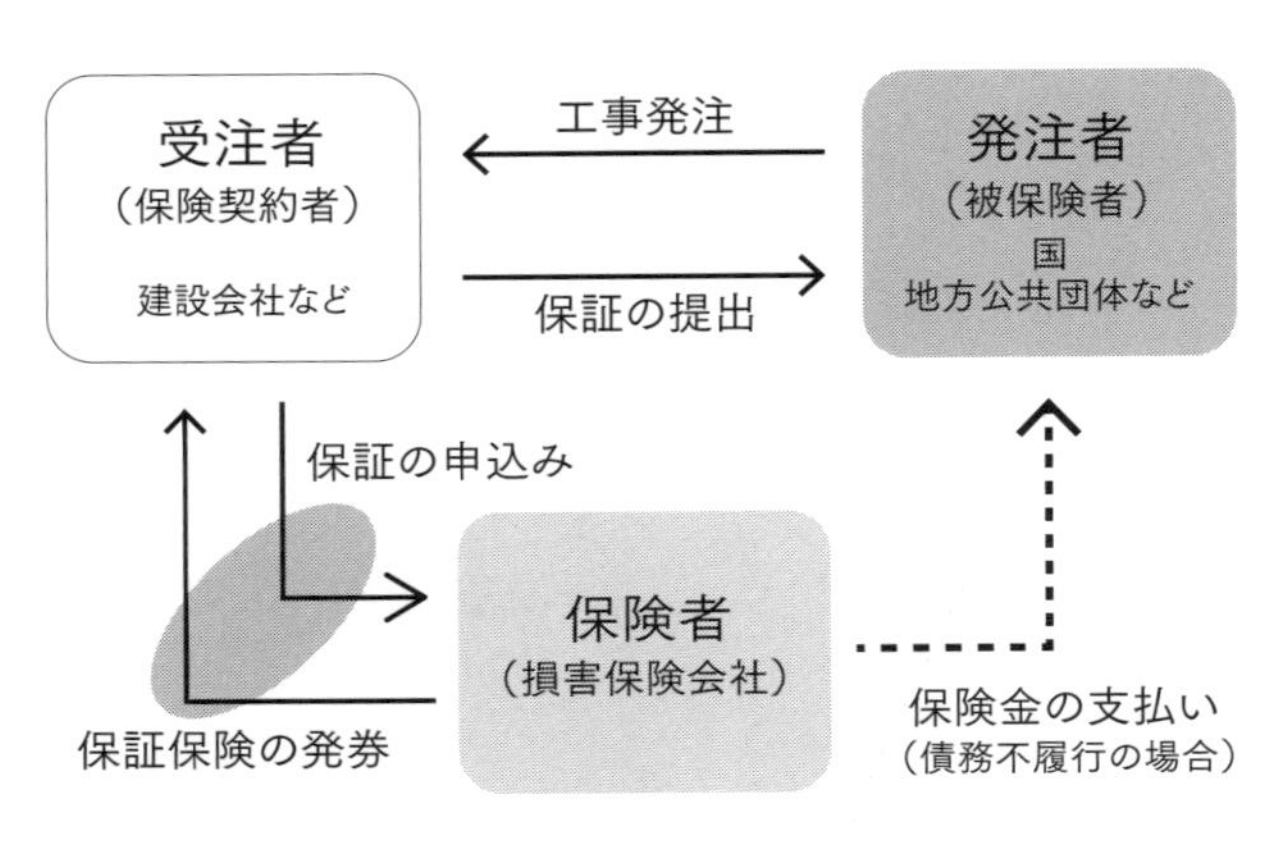

保証保険が成立しないことがある

とどのような付き合い方をするかに影響されるのです。

これを理解するために、まずは契約保証について確認しておきます。

契約保証は、物件を落札した建設会社が責任を持って工事を完成できるのかを第三者機関（ここでは保険会社や保証協会のこと）が審査して、その証として証券を発行するものです。落札した会社にいくら技術力があっても、審査に通らなければその証を手に入れられません。

発注者が求める保証の種類は次の４つです。これらのいずれが求められるのかは入札公告に明記されていますので、入札前に必ず確認してください。

①保証免除

物件によっては、保証が免除されていることがあります。工事以外の物件によく見られ、少額の工事でも稀にあります。数十億、数百億の大規模工事で保証免除という場合は、だいたい入札段階で受注できる会社があらかじめ限定されているケースなので、中小建設会社は入札に参加できないことが多いでしょう。

②現金供託

工事が終わるまで、請負金額の5パーセント、10パーセント、あるいは30パーセントなど一定の金額の現金を発注者に供託する制度。工事が無事に完了すれば、全額戻ってきます。

現金供託の場合は、第三者機関の審査は必要ありません。ただ発注者は、公務員による現金の流用や着服を疑われたくないという理由から、現金を長期間管理することを嫌う傾向にあります。そのため、現金供託のみを指示する契約書は非常に少なくなっています。

③現金供託または保証証券

②の現金供託か前述の保証証券、いずれかを選べるパターン。

④保証証券のみ

審査をして発行された保証証券しか受け付けないパターン。

①②のパターンはほとんどなく、③④が求められることが多いのですが、③で供託金を選ぶには多額の現金を用意しなければならないので、現実的には保証証券を提出することが多くなります。

保証証券は、金銭的保証にのみ対応する「履行保証」と、金銭的・役務的両方の保証に対応する「履行ボンド」の2種類があります。

これら履行保証と履行ボンドで必要なのが与信枠です。通常、請負金額の10パーセントの金額の保険に加入する必要があるのですが、融資的な意味合いが強い保険のため、あらかじめ保険会社に与信枠を設定してもらわなくてはならないのです。

たとえば与信枠が3000万円なら、それが請負金額の10パーセントになるので、3億円までしか工事を受注できないことになります。与信枠がいくらに設定されるのか……。与信枠によって受注限度額が決まりますので、保険会社の判断は受注業者の売上を大きく左右します。

公共工事において、与信枠とはどんな意味を持つのか？

ここで語っている「与信枠」の意味についても、重要なことなので確認しておきましょう。

「与信」とは、文字通り「与えられる信用」のことです。

公共工事の場合、具体的には「あなたの会社は年間1億円までの工事は受注していいですよ。そこまでなら、うちの会社で保証しますよ」ということになります。

「うちの会社」にあたるのは、東西日本建設業保証株式会社と損害保険会社、そして第7章で説明した通り金融機関ということになります。この章では、損害保険会社についてお話していきます。

たびたび触れていますが、与信枠を設定する際には各社が独自に審査をしますので、その金額はまちまちになります。

そのため、A保険会社の与信枠は1億円だけれどB保険会社では5000万円、というようなことが起こり得るのです。

与信枠拡大のために複数の保険会社と付き合おう

さて、保険会社との付き合いの話に戻りますが、リスク管理のために必要ないろいろな保険、どのように加入していますか？　手続きも面倒なので、1社にまとめてしまっていませんか？

与信枠を拡大するためには、複数の保険会社と契約すべきなのです。与信枠は、1社からしか取れないわけではありません。個々の金額は違っても、複数の保険会社で与信枠を設定してもらうことはできます。

与信枠の設定にはその保険会社の契約者になったほうが有利なので、様々な保険契約を1社にまとめているのなら分散させてください。そうして、保険会社それぞれに与信枠を設定してもらえば、合計すると大きな枠になるということです。

例として、決算書がまったく同じ2社があるとします。

決算書が同じ条件でも、保険会社1社で1億円の与信枠を設定してもらったA社と、2～3社の保険会社で3億円の与信枠であるB社とでは、公共工事受注のチャンスに大きな差が出ます。

たとえば、年度の初めにそれぞれ6000万円の工事に入札し、どちらも落札したとします。すると与信枠1億円のA社は、年度内に残り4000万円までの物件にしか入札できないことになります。しかしB社は、2億4000万円までの物件に入札できます。

この違いによって、このあとの入札の際に3つの点で大きな差が出てしまいます。

①単価の上限

4000万円と2億4000万円。単価の上限が6倍にもなっています。

売上を上げるためには大きな物件に入札したい。小さな物件をいくつも受注するとそれだけ資格者も揃えなくてはなりませんが、大きな物件1つなら資格者は1人で済みます。

Ｂ社のほうが、６倍の単価の物件に入札し、６倍の売上を上げ、６倍の利益を出す可能性があるのです。しかも資格者は１人でＯＫ。

②入札の自由度

たとえ「この物件では高い利益率が見込める！」と思っても、「現場の人間が余っているから、利幅が少なくても何か受注したい」と思っても、その物件が４０００万円を少しでも超えていたら、Ａ社は入札できません。Ｂ社は２億４０００万円の余裕があるので、自由に入札できます。

また、Ａ社が４０００万円以内の物件を見つけて落札したとして、与信枠にもう余裕がなくなっていたら入札ができないので、次の物件探しも工事が終わるまではできません。しかしＢ社であれば与信枠に余裕があるので、Ａ社と同額の工事を落札してからすぐに、次の物件を探すことができます。

③ 落札件数

仮に入札単価を4000万円に固定したとすると、2社には落札件数において大きな差が出ます。

A社：(1億円－6000万円) ÷4000万円＝1件
B社：(3億円－6000万円) ÷4000万円＝6件

与信枠が大きいほど、メリットも大きいということがわかります。これだけ受注のチャンスに差があれば、B社なら落札の可能性も非常に高まるということになります。

与信枠が広がれば、単価や落札件数が何倍にもなり、自分の裁量で自由に入札できるようになる。このことに、ほとんどの建設会社は気づいていません。なんとももったいない話ではないでしょうか。

与信枠を効果的に使えた会社が生き残る

与信枠を拡大するだけでなく、それを効果的に使うことを意識すれば、さらなる飛躍の原動力となります。

与信枠は1年更新で、契約保証は基本的に1社からしか保険対応してもらえません。1つの落札物件の契約保証については、保険会社をかけもちし、与信枠を合計することはできないのです。だから、保険会社によって与信枠の額がまちまちだということを意識した使い方をしたいですね。

どの保険会社からどれだけの与信を履行保証につけていくのかを考えるべきで、それがうまくハマったら、最大限の受注が可能になるということになります。

ここでは、3社でそれぞれが次のような保証枠が設定されたとします。

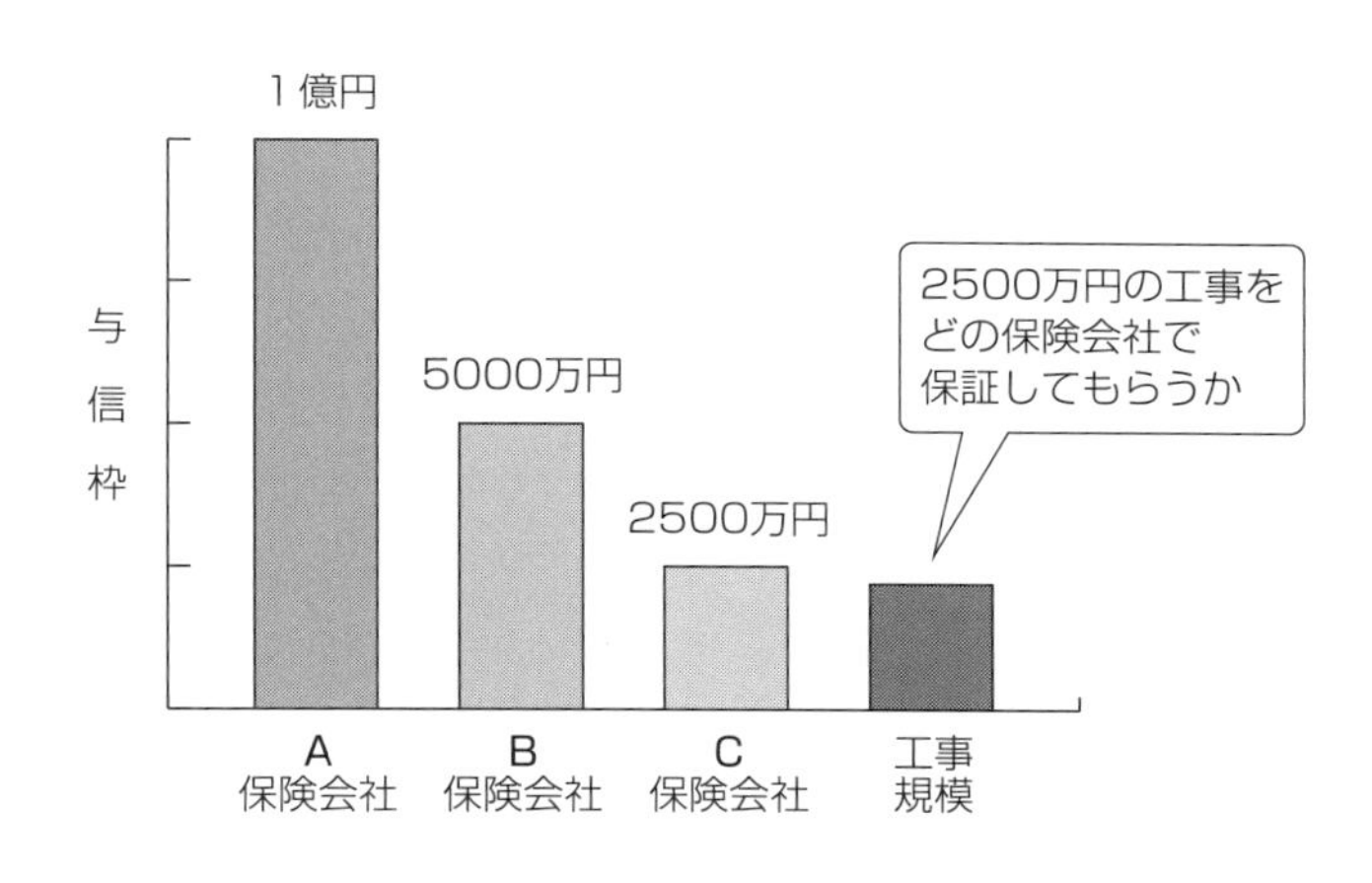

A保険会社　　　　１億円
B保険会社　　５０００万円
C保険会社　　２５００万円

もし２５００万円の公共工事を受注したら、C保険会社の２５００万円で履行保証を出してもらうべきです。

もしもA保険会社で保証してもらえば、せっかくの１億円の枠が７５００万円に減ってしまいます。そうすれば、あとから７５００万円よりも高い物件に入札したいと思っても不可能になってしまいます。

枠はできるだけ大きく残しておきたい。そのためには、どの枠から使うのかをよく考えるようにしてください。

イメージは、子どものころに遊んだ「砂山崩し」です。砂山を作って真ん中に棒を立て、砂を順番に取っていって棒を倒したら負け、という遊び。

ひと掻きで取れる砂の量は多くないのに、砂が一番高く積まれた真ん中にいきなり手を入れて砂を取ったら、すぐに砂山は崩れて棒は倒れてしまいます。

高さのある部分は残しておき、今の時点で最適なところから砂をうまく取っていけば、負けることはありません。どこからどれだけ取れば崩れないのか、戦略的に考えた人が勝つのです。

また、工期と合わせて管理することも大切です。

落札した公共工事が、いつから始まっていつ完了するのか。1つずつ順番に請け負うのではなく、複数が同時進行したり、あとから受注した工事が先に完了したりと、期間はバラバラのはずです。

常に「今、どの保険会社にどれだけの与信枠が残っているのか」「現在進行している工事で、どれが一番先に終わって、それが終わると与信枠がいくらに復活するのか」を、徹底的に管理することが重要です。

そうすれば、今最大で単価いくらの物件まで入札できるのかが把握できます。与信枠と工期とを合わせての管理を、物件探しに活用してください。

99パーセントの保険代理店は、契約保証・履行保証の知識と経験がない

与信枠と履行保証。公共工事を受注していくなら、この2つの重要性をしっかり理解しておく必要があります。

与信枠が足りない。履行保証が取れない。そうなれば受注ができなくなるだけでは済まないかもしれません。

実際に指名停止になったり違約金が発生したりすることもあります。

落札して500万円の利益を出すつもりが、受注できなくなって逆に違約金で500万円払うということにもなりかねません。

与信枠や保証を甘く見ると痛い目に遭う！

だから、特性を見ながらしっかりと保険会社を選ばなくてはなりません。

たとえば外資系保険会社では与信枠を設定しづらいので、公共工事のためなら、外資系との

付き合いを見直す必要もあるでしょう。

審査指標（決算書・経審・民間信用調査会社の点数・工事経歴・保険契約など）の状況により、保険会社それぞれ、自社との相性も違ってきます。それを理解している保険会社の営業担当は、1000人に1人もいないでしょう。だから、経営者自身が意識しておくべきなのです。

また、保険会社選びでキーとなるのが保険代理店です。損害保険は、契約の引き受けの権限が保険会社ではなく代理店にあります。

複数の保険会社と契約したいのですから、複数の保険会社と代理店契約を結んでいる、いわゆる「乗合代理店」で相談するのが効率的です。ただ、代理店に任せておけば安心とはいかない可能性が高いです。

保険代理店にはそれぞれタイプ（たとえば自動車保険に強いとか、飲食店に強いなど）があり、担当者の知識レベルも様々です。しかも履行保証のための履行保証保険について、あまりよく知らないということも珍しくありません。そのため、履行保証の知識が豊富で履行保証に強い乗合代理店は探してもなかなか見つからないかもしれません。

なぜ保険のプロのはずの代理店が、よく知らないのか。それは、保険会社にとって履行保証保険は「労多くして利益は少ない」保険だからです。

税金で賄われるために失敗が許されない公共工事にとって、履行保証保険は不可欠な保険です。しかし仕組み上、保険料を高くすることができないのです。

それでも、受注者が債務不履行に陥れば大きな金額を保証しなくてはなりません。加入のための審査の事務処理が煩雑ということも加わって、保険会社としてはあまり売りたくないものなのです。

だから宣伝も情報発信もしません。そのため、履行保証に関係する受注者、発注者、保険の担当者、保険の代理店など様々な立場の人も、履行保証保険の知識をほとんど持たないようになってしまうのです。その証拠に、知識と経験を持っている私のところには、たくさんの建設会社からの問合せがあります。

では、どうするか?

それはもう、こちらから履行保証についての情報を発信し、保険代理店に履行保証保険に関する知識をつけてもらうしかありません。

そのためには建設会社がまず履行保証保険について知り、保険代理店とより良い関係を築きながら伝えていく。それを心がけましょう。

公共工事では、この3者を味方にせよ

第7、8章で金融機関と民間信用調査会社との付き合いについて述べました。彼らはいわゆる「減点主義」で、おカタイ「官」の考え方であるけれども、それを理解してでも良い関係を築くべきだと。

保険会社についても、まったく同じことが言えます。

銀行、民間信用調査会社、保険会社。この3者は、公共工事受注にあたって絶対に味方につけておかなければいけないのです。

「公共工事を受注する＝それまで別世界だと思っていた業界の人たちを味方につけて、いい情報をもらって社会貢献していくこと」です。

売上をきっちり上げて従業員にフィードバックし、信用力もつけて体質を強くしていく。そして、地域に貢献できる会社になる。そういうことだと、私は思います。

「会社を良くしたい」というのが経営者の共通の想いであるはず。でも、どうすればいいのか

がなかなかわからないものです。

そんなとき、銀行や民間信用調査会社、保険会社が強い味方であれば、道を開くチャンスを手にできるのです。

第10章

公共工事で後継者問題を解決する！

数々の不安要素が建設業界の将来を襲っている

今、建設業界は若者離れが進んで深刻な状況になっています。

総務省の労働力調査を参考にしてみると、この20年間で全産業における就業者数は横ばいなのにも関わらず、建設業に限ってみると減少の一途をたどるばかり……。しかも、50代以上の建設業就業者数はそれほど減少していなくて、30代以下の若年齢層が大きく減っているのです。

もう50年も前になりますが、私の父が土木系ゼネコンに就職した際には、「土木系に就職すれば一生困ることはない」と言われるほど、建設業が人気だったそうです。

25年ほど前、リクルートから『ガテン』という技術職・現業職向けの就職情報誌が創刊された頃にも、今よりまだ建設業に人が入ってきました。しんどい仕事だしスタイリッシュではないけれど、お金は儲かるというイメージがありました。

キツくてもがんばればお金には困らない。しかし今は、それでは若者を引きつけられないのです。

テレビや新聞の報道で目にするのは、「お金よりも自由な時間が欲しい」「残業なんてイヤだ」「がんばることの価値がわからない」といった若者の価値観。それでは、「キツい」「汚い」「危険」の3Kの代名詞のような建設業界が好まれるはずはありません。

しかも、以前は魅力の1つだった高い手取り収入も、今では決して高いとは言えなくなってきています。

20年前の建設業はまだ福利厚生制度がずさんで、小さい会社のほとんどは社会保険に加入していないような状況でした。しかしだんだん制度が整ってきて社会保険に加入するようになると、給与から保険料が差し引かれて手取りも減ってしまいました。

もちろん労働者を守るための社会保険であり、以前の状況にこそ問題があったわけですが、単純に手取りが高いことが魅力だとは言えなくなったことは事実です。

現在は東日本大震災の復興事業も継続され、2020年の東京オリンピックに向けて需要は高まっており、建設業界は活況を呈しています。それでも、入ってくる若者は少ない。入ってきたとしても、すぐに辞めてしまいます。

今後の展望も、日本の人口が減ってくることを考えれば決して明るくありません。外国人労働者も増えていますが、それは必要に迫られているからなのだと思います。震災復興やオリンピックのような特別な需要がなければ、建設業界がこれから上向いていくとは考えにくいでしょう。

日本のこれからは、ヨーロッパ型の成熟社会です。高度成長期はもう訪れません。

このような社会で、建設会社の経営者たちの頭を悩ませているのが、後継者不足の問題です。わざわざリスクを背負って法人のトップに立とうという若者は、今の時代なかなかいません。父親が経営者であっても、それを継いで社長になるなんてとんでもない！　と思っています。

このような考え方は、従業員も同様です。世襲ではなく、信頼できる社員に会社の未来を任せたいと思っても、丁重にお断りされてしまうことが珍しくはありません。出世への意欲を、それほど持ち合わせていないのが若い人たちの特徴でしょう。

後継者問題を悪化させる「引き渡す側」の責任とは?

若い世代の価値観から後継者不足について語ってきましたが、引き渡す側に責任がないとも言えません。

重層下請け構造のなかで、上の立場の会社の経営状況に左右されてしまう不安定さ。どんぶり勘定で悪化している財務内容。そうした課題をそのままにして、「社長である自分さえがんばれば何とかなる」という精神論で経営をしている中小建設会社は少なくありません。

そのような会社を、リスクを恐れる傾向にある若い世代が継げるものでしょうか? 現代の安定志向の強い彼らでは、まず無理でしょう。

後継者を確保したいなら、下請に甘んじずに元請となり、透明性のある決算書を目指して常に財務体質をチェックすること。そしてしっかりと仕事を回し、利益を上げていく仕組みは整えること。そうすれば、次の社長のリスクも少なくなりますし、最悪、外部の人が高い値段で買ってくれます。

それはつまり、公共工事受注のために必要な体制づくりとイコールなのです！　だから、この本の内容を実践することで、後継者問題も解決できるということなのです！

次の世代に引き渡したとたんに、会社が悲惨な状況になってしまうエピソードはたくさんあります。先代が自分の力だけで綱渡りの経営をしていて、実は内情は混乱を極めていたとしたら？　ゾッとしますよね。そんなことで、「継ぎたい」「継いでもいい」という若者が減ってしまうのです。

継いだ途端に倒産の危機が発覚したある会社の事例

先代の時代に積もり積もった不良債権のせいで、会社が立ち行かなくなったエピソードを1つご紹介します。

何十年もの間、堅実な仕事ぶりが評価され、地元で一目置かれてきたA社。取引先からの信頼も厚く、経営は安定しているかと思われていました。ところが突然、社長が亡くなり、社長の長男が継いでみたらビックリ！

そこで初めてわかったことは、売上4億円規模の会社なのに、回収不能の売掛金が2億円ほどもあるということでした。

前社長は、決算書の作成を税理士に依頼せず、すべて自分でやってきた人。20～30年の間に少しずつ積もっていった回収不能の売掛金は、いつの間にか年間売上の半分ものボリュームとなって、会社を圧迫していたのです。

前社長時代に、何があったのでしょうか。

地元では存在感を示していた前社長ですが、周囲とうまくやることを優先するあまり、「信頼される」という意味をはき違えていたようです。さらに、資金繰りの重要性を理解していなかったのかもしれません。

入金について「待ってくれ」と言われれば待ち、資金回収できないうちに、下請等の債務者にはどんどん払う。結局、協力会社に〝いい顔〟をしてしまい、相手からは都合のいい会社になっていたということです。

その積み重ねで膨らんだ売掛金は、決算書では資産に計上されます。もちろん本当は回収できないのですから、見かけ上の資産に過ぎません。前社長が自分で決算処理し決算書もつくっていたので、税理士から指摘され、改善する機会もありませんでした。

実情とは違って決算書では資産が充分あるために、ちゃんと銀行からの融資も受けられる。だから事業が躓くこともなく、地元では有名な会社として長年やってこられたのです。

ところが代が変わり、決算書の本当の内容が明るみに出ました。銀行も改めて信用調査を行いました。

土地・建物といった資産はあったのですが、もちろん売るしかありません。資産はどんどん減っていき、銀行からの融資は当然ストップ。事業は行き詰まり、銀行への債務ばかりが残っているところまで追い込まれました。

この時点で私はご相談を受け、なんとか救おうと奔走し、銀行の債務を信用保証協会付けにして金利をほぼ0にしました。まずは、金利だけで年間500~600万円も支払っていた分を浮かせることができたのです。

そのことを新社長に伝えたときの様子をよく覚えています。地元である九州から話し合いの場所となった大阪まで、交通費の節約のために軽自動車でやって来ていました。40代の社長と奥さんも一緒でした。

とりあえず重い金利の支払いからは解放されたという安心感で、社長の奥さんが涙をこぼしていました。先代の社長が生きていた頃は、地域の有名企業の後継ぎとして、お金の心配もなく華やかに生活していたことでしょう。環境の激変がこの家族にとってどんなに辛かったことか、想像にかたくありません。

しかし、結局この会社を再生することはできませんでした。金利をほぼ0にするぐらいしか、もう打つ手がなかったのです。負債そのものは抱えたままでしたから、倒産するしかありませんでした。

公共工事で倒産を免れた、とある二代目社長の事例

この会社のように、不良債権を資産のままにしている会社は少なくありません。それどころか、実際には所有していない土地や建物を資産計上していることすらあります。

資産が増えればそれだけ税金も多く払う必要がありますが、それでも資産を増やしたいのは、事業継続のための銀行融資が必要だからです。また、特定建設の資格を得るためだったり、経審の評価に対する誤った認識からも、資産を増やそうとする傾向にあります。そうした小手先

のやり方が、いずれ自分の首を、というか後継ぎの首を絞めることになります。

しかし、そこからなんとか立ち直った例もあります。大きな役割を果たしたのは、やはり公共工事でした！

バブル景気の頃に大きく儲けを出した地方の会社。銀行からどんどん融資を受け、土地・建物をどんどん買わされていました。

資産が増える一方で借入は膨らむばかりですが、社長は「あの銀行さんとは長い付き合いだから」と借り換えもしない。結局、資金繰りが苦しくなって返済も滞り、銀行の債権は債権回収機構に移譲されました。

こうなると信用を失って、もう銀行融資が受けられなくなってしまうのです。当然、事業の継続は困難な状態に。

それでも社長は、どうしても息子に後を継がせたいと考えていました。このままでは潰れるのを待つばかりで、継がせても苦労を背負わせるだけになってしまい、意味がありません。

そこで私が提案したのが、会社を分割することでした。今の会社を建設会社と不動産会社に分け、債権はすべて新しく作った不動産会社に負わせて、建設会社を健全な会社として再出発させるのです。

第5章で、貸借対照表の負債部分をギュ―ッと縮めてスリム化することの大切さを述べましたが、このケースでは分社化で片方（不動産会社）に負債を寄せて、もう片方（建設会社）の貸借対照表をスリム化したということです。

そして、建設会社の再出発のために必要だったのが公共工事です。

初めは融資を受けられない状況ですが、受注額の40パーセントが前受金で入る公共工事なら仕事を回していくことができます。公共工事があるからこそ、救われたのです。

建設会社の貸借対照表はスリム化して自己資本比率が上がるので、経審対策もできるようになります。そうやって公共工事で仕事を回していける状態を整えれば、やがて銀行融資も復活させることができます。

債権回収機構に債権が移譲された時点で、ほとんどのケースでは倒産してしまいます。生き残るためには、会社を分割するしか道がありませんでした。もちろん不動産会社に寄せた負債は、連結決算で面倒を見ていかなくてはなりませんが、建設会社は健全な形を取り戻しました。ずっと営んできた建設業で、貸借対照表をスリム化して経審もアップ！

公共工事があるからこそ、できたことなのです。このような方法を多くの建設会社は知らないから、あるいは気がつかないから、倒産への流れにただ身を任せるしかありません。

しかし、公共工事をうまく活用すれば生き残れる。そして、仕事を回す仕組みが整った健全な会社を後継者に引き渡せる。そのことを、ぜひ覚えておいてください。

御社の後継者問題に本当に応えられるのは誰か？

どんな会社でも、必ず突き当たるのが後継者問題です。

後継者に会社を託す時点で、どのような状態にしておけばいいのか。どんな会社なら、意欲的に後を継いでくれる人材に恵まれるのか。いつかは真剣に考えなくてはならないときが来ます。

今の建設業界を引っ張っているのは、現場でしごかれ、鍛え上げられてきた根性のあるガテン系の男たち。まったく感覚の違う今の若い人たちの価値観をすくい取り、スムーズな引き継ぎのためにアイデアを出すような頭の使い方を、今までしたことがありません。

そこで、いざ考えるべき時が来たときには困ってしまうのです。誰に相談すればいいのか、誰を信用すればいいのか、きっと戸惑うことでしょう。

とりあえず税理士先生に相談を持ちかけてみても、おそらくまったく頼りにならないことがほとんどだと思います。本当に、自分の専門から少しずれたことになると「知らなーい！」という態度の先生たちが珍しくありません。

社長のみなさんがもっともやってしまいがちで、でも、もっとも意味がないのが、自社と同じ規模の同業他社のトップに相談すること。似たような仲間たちで愚痴を言い合うのは楽ですが、相談する意味はありませんよ！　みんな同じような環境で同じような考え方の集まりです。そこから解決策は見出せません。

困ったときには、先達に聞くことをおすすめします。ピッタリの先達は、世代交代がうまくできている、自社よりも売上が大きくて業歴の長い会社の経営者です。自社の売上がたとえば2～3億円なら、10億円ぐらいの会社がちょうどいいでしょう。１００億の会社では、あまりに規模が違い過ぎてほぼ参考にならないので。とにかく、自分が動けるうちに行動しておくべきです。

建設業界での後継者不足という現実的な課題と向き合うことで、業界の厳しさを実感するかもしれません。しかし対策をすれば継いでくれる人は見つかるし、会社が健全な体質に生まれ変わるので、いいことづくめではないでしょうか。

公共工事のメリットを利用して、あなたの会社の未来を明るいものにしていってください。

公共工事で、地域ナンバー1の建設会社になれ!

とにかく、ここまで紹介してきたノウハウを活用して、「健全な財務体質で、安定的な受注と利益のための仕組み作りができている会社」への道のりを歩み始めてください。

そうすれば、社長の根性だけで踏ん張らなくても、自然と仕事は回っていきます。会社の風土が変わります。

何度か繰り返してきた「官の視点」を意識しながら、自社の決算を銀行や信用調査会社、保険会社に開示して、相談に乗ってもらえる関係性を作りましょう。そしてアドバイスしてもらったことや、各種手続き等で必要なことは、すべてキッチリやる! どんぶり勘定、隠ぺい体質、先延ばし、ということは、「官の視点」を持つ人たちに対してはマイナスでしかないことをもう一度肝に銘じてください。

実際に何をするかも大事ですが、このような考え方の改革が何より大事なのかもしれません。今までの意識のままでは変化はないということを知り、やるべきことに手を抜かないことです。そうすれば特別な才能はなくとも、すぐに「地域ナンバー1」の会社になれます。


「地域ナンバー1の会社になるなんて、大げさすぎるよ」

まだそう考えていますか？　本書をきっかけに、真剣に考えてみませんか？　売上5億円以下の規模の会社で本気で地域ナンバー1を目指そうとしている会社は、おそらくあまりないと思います。しかし、なろうと思えば難しくないのです。

あなたの身近にある、あなたのなりたい「地域ナンバー1の会社」をイメージしてみてください。歴史があり、売上があり、知名度があり、親しまれている会社が浮かんできませんか？大きい公共工事を、定期的に受注していませんか？

見習える部分は見倣い、自社らしさも発揮して、ぜひ自社についても「地域ナンバー1になるということは……」とイメージしてみてください。売上や知名度に加えて、自社ならどのような個性で地域にアピールしていけるのか。明確な目標を持ってみましょう。

そのうえで公共工事を戦略的に受注していけば、あなたの会社が地域ナンバー1の会社になることも夢ではありません。実際、そのように行動した社長が経営する会社は、比較的早く目標に到達しています。

下請協力会社とも結束し、「次はどの物件を取りに行くか」を考えるとワクワクしませんか？公共工事は、ただ「完成させるべき仕事」ではなく、「自社らしさを発揮しながら、確実に成長していくために必要な仕事」なのです。

今すぐ、公共工事の物件探しを始めましょう。
今すぐ、経審対策を始めましょう。
今すぐ、銀行に試算表を持って行きましょう。
今すぐ、信用調査会社と連絡を取りましょう。
今すぐ、複数の保険会社と契約しましょう！

やるべきことはたくさんあります。でも、難しくはありません。
3年後に地域ナンバー1の会社になることを目指して、さあ、今すぐ行動してください！

水嶋 拓（みずしま たく） 1975年生まれ
フロンティアマーケティング株式会社　代表取締役
売上10億円以下の中小建設業へのコンサルタント

2011年、別会社で保険代理店業を営む傍ら、ホームページに送られてきたお客さまからの「公共工事を入札・落札に関する問い合わせ」をきっかけに公共工事コンサルティング事業を始める。

実際のコンサルティングを通じて、公共事業の構造的な問題点や公共工事に必要な知識を中小企業の経営者に届けられていない実態を知り、公共工事を受注する中小の建設会社に様々な情報が降りていないことを実感。さらに、そのことに気づいている会社は極めて少なく、情報を流す人も周りにいない実情があることを知る。

コンサルティング事業をスタートさせた当初は、保険代理店業務のサービスの一つとしていたが、あるお客さまの切実な悩みを解決できたことをきっかけに、公共工事を受注する会社のお悩みに本格的に向き合うように。「永続的な工事受注に結びつけられる総合的なアドバイスをするには、有料のコンサルティングしかない」と決断。コンサルティングした建設会社は200社を超える。

お客さまからの声として、これまでに「２年半で売上が３倍になった」「一日で23億円の工事を受注した」「特定建設を取り、会社をもう一つ作った」「本当の意味での決算書の大切さを教えてもらえた」「会社を畳もうと思っていたが、その危機から脱却できた」「債務超過を脱却できた」など、コンサルティングによって大きく売上を伸ばし、事業を安定させた企業が続出。

日本でただ一人の「公共工事コンサルティングのパイオニア」として、建設会社の経営者に加え、その周りの人たち（税理士・行政書士・銀行マン・保険会社・保険代理店など）にも自身のノウハウを広める活動を同時に行っている。個別相談にて公共工事の受注拡大の指導を行う傍ら、説明会やセミナーにも積極的で、大手保険会社・保険代理店向けに2012年より随時開催中。工事業者専門誌『そら』での連載のほか「建通新聞」「東洋経済」などのビジネス誌などからの取材暦も多数。著作としては2021年に『日本一ハードルの低い公共工事の始め方』（エベレスト出版）を出版。

【問合せ先】
フロンティアマーケティング株式会社
〒110-0003　東京都台東区根岸３-１-18 ２階Ｅ室
TEL：03-5808-9050，03-6240-6806
FAX：03-6240-6807
Mail:mizushima@direct-inc.net
ホームページ: https://frontiermarketing.co.jp/

2018年2月15日　初版第1刷発行
2023年4月20日　初版第3刷発行

公共工事の経営学

著　者© 水嶋 拓
発行者　脇坂康弘

発行所　株式会社 同友館
〒113-0033 東京都文京区本郷 3-38-1
TEL03-3813-3966　FAX03-3818-2774
https://www.doyukan.co.jp/

三美印刷　松村製本所
企画協力　J.Discover（城村典子、廣田祥吾）
編集協力　尾碕久美
カバーデザイン　菊池 祐（Lilac）

落丁・乱丁本はお取り替えいたします。
ISBN978-4-496-05334-4 Printed in Japan